山西省科技厅2016年软科学项目《山西省创新平台基地建设与发展规划研究》（项目编号：2016042003-3）经费资助

U0657727

山西省科技基础条件平台建设与发展规划研究

张建英 ◉ 著

科学技术文献出版社
SCIENTIFIC AND TECHNICAL DOCUMENTATION PRESS
·北京·

图书在版编目（CIP）数据

山西省科技基础条件平台建设与发展规划研究 / 张建英著. —北京：科学技术文献出版社，2016. 12

ISBN 978-7-5189-2221-5

Ⅰ. ①山… Ⅱ. ①张… Ⅲ. ①科学研究事业—研究—山西 Ⅳ. ① G322.725

中国版本图书馆 CIP 数据核字（2016）第 314366 号

山西省科技基础条件平台建设与发展规划研究

策划编辑：宋红梅　责任编辑：宋红梅　责任校对：张吲哚　责任出版：张志平

出　版　者	科学技术文献出版社	
地　　　址	北京市复兴路15号　　邮编　100038	
编　务　部	（010）58882938，58882087（传真）	
发　行　部	（010）58882868，58882874（传真）	
邮　购　部	（010）58882873	
官　方　网址	www.stdp.com.cn	
发　行　者	科学技术文献出版社发行　全国各地新华书店经销	
印　刷　者	虎彩印艺股份有限公司	
版　　　次	2016 年 12 月第 1 版　2016 年 12 月第 1 次印刷	
开　　　本	710×1000　1/16	
字　　　数	202 千	
印　　　张	11.5	
书　　　号	ISBN 978-7-5189-2221-5	
定　　　价	48.00 元	

序

　　知识资源的占有、配置、创造和利用方式的优劣，成为决定一个国家科技竞争力和创新能力强弱的关键因素；科技资源是科技创新活动的基础，一个国家创新能力和综合竞争力的强弱，在很大程度上取决于科技资源的数量、质量、管理水平，以及科技资源的开发和利用能力。科技资源是科技工作者进行科技活动必须具备的条件，也是各个国家一种重要的战略资源。

　　科技基础条件平台是科技资源有效管理和开放共享的重要载体。科技基础条件的优化与重整，正在成为国家基础设施的重要组成部分；正在成为国际科技创新竞争的一个新的焦点；正在成为各国政府最具优先权的基本任务。加强科技基础条件平台建设，将有效推动我国的科技创新，提高我国科技在国际上的竞争地位，促进经济社会的可持续发展。为了顺应当代科技的发展趋势，加强我国在日趋激烈的国际竞争中的主动性，必须强化科技基础条件建设，建立健全我国创新资源建设和科技基础条件支撑体系，全面提高我国科技创新能力。

　　山西省在全国的发展具有举足轻重的地位。但是，受自身资源状况、国家投资重点和经济基础的影响，山西省逐渐形成了以能源原材料工业为主的产业结构，经济发展高度依赖煤炭资源，产业结构重型化和产品初级化特征明显，科技含量低，经济效益不高，抗风险能力较弱。随着经济增速的大幅回落，经济发展中的不确定性因素和潜在风险增加，山西省经济面临着前所未有的严峻挑战。

　　随着山西省经济结构和产业转型发展，随着资源型经济转型综合配套改革试验区发展的逐步深入，科技创新的主导作用将日益显著，支撑全社会创新活动的科技基础条件也日益成为山西省重要的战略资源,科技基础设施条件是社会经济发展的基础性战略资源,山西省的发展必须要有与之相适应的科技基础条件。

山西省经济已经进入重大转型期,传统的依靠投资驱动、规模扩张的发展模式难以为继,支撑经济发展的要素条件正在发生变化,旧有的发展模式空间越来越小。解决这些问题的关键就是实施创新驱动发展战略。山西省要实现经济结构和产业结构转型发展,必须要加强科技基础设施建设,统筹规划、科学布局,充分发挥科技基础条件市场主体的力量,切实抓好科技基础条件平台基础设施建设,尽快把科技基础设施条件培育成为山西省创新驱动转型升级的重要支撑力量。科技基础平台的建设是增强山西省科技总体实力、实现山西省科技发展战略设想的基本保障。目前,山西省在加强科技基础平台战略与规划发展研究方面还不够完善;政府宏观顶层规划设计、总体布局、制度设计也不够合理、严密,社会各界对科技基础条件的认识不足,更没有认识到加强科技基础条件平台建设的重要性。作者试图为解决这些问题提出相应的对策和措施,进行了研究。

作者查阅了大量的国内外文献资料,充分研究了国内外科技基础条件平台现状和未来发展,在广泛调研的基础上,对山西省目前科技基础条件平台建设的现状、存在的问题与弊端进行了分析。从山西省当前科技发展的现实要求出发,全面分析了山西省科技基础条件平台发展建设成果、存在问题,研究创建山西省科技基础条件平台的合理路径与实施方案,提出了山西省建设科技基础条件平台的总体目标、总体思路、建设模式、运行机制、政策措施等发展战略与规划。作者希望能够对有效解决山西省科技基础平台建设中的实际问题,并对以后的建设与改革工作有所启发。

经过仔细阅读,我认为《山西省科技基础条件平台建设与发展规划研究》这本书的价值主要体现在以下两方面:

在理论方面的贡献。本课题通过对山西省科技基础平台建设与国际发展进程的差距进行比较,着重对山西省科技基础平台的建设状况、存在的问题及相应的解决措施进行论述,进一步完善科技基础条件平台建设研究的理论,为加强山西省的科技基础条件平台建设提供了理论依据,对今后的改革与建设工作顺利开展起到了较好的理论指导作用。

在实践方面的贡献。通过对大量相关资料的整理与分析，系统地论述了关于科技基础条件平台建设的内容，对山西省科技基础条件平台建设的发展状况，发展过程中存在的主要问题，从多角度、多方位给出了比较全面的对策建议，对山西省开展科技基础条件平台建设起到一定的提示和指引作用。在实际工作中，对山西省科技基础条件平台建设的全面推进具有重要意义。

本书是新时期下科技资源管理的最新理论研究成果，其对我国科技资源共享与服务创新的战略路径等的研究与探讨，对于政府工作人员以及从事大数据分析研究、科技基础条件平台和科技资源共享、各种数据共享等的科技工作者具有很大的作用。

陈培忠

太原科技战略研究院院长

2016 年 11 月

目 录

第一章 引　言

2016 年 10 月 16 日，金砖国家领导人第八次会晤在印度果阿举行。中国国家主席习近平发表了题为《坚定信心　共谋发展》的重要讲话。在讲话中习近平主席指出，我们要共同建设开放世界。要构建开放型经济，反对各种形式的保护主义，以推进经贸大市场、金融大流通、基础设施大联通、人文大交流为抓手，走向国际开放合作最前沿。

建设开放性的世界，进行科技基础条件设施开放与共享，开展国际范围内的科技资源合作已经是一个国家或地区社会经济发展，实现国家科技竞争力和技术创新能力强弱的关键因素。2015 年，强劲发展势头下的开放获取运动继续推动信息资源的开放、共享和使用。在国际上，更多类型和数量的科技信息资源走向开放获取，更多的国家、组织或机构推出开放获取政策，不同机构、项目、系统之间的合作不断加强，从各个层面、不同角度推动开放获取。

纵观全球，知识创造和技术创新速度日益加快，创新发展已经是国际竞争的大势所趋，科技创新对经济增长的贡献越来越突出，当前世界范围内新一轮科技革命和产业变革加速演进，以科技实力为基础的国家竞争、区域竞争更加激烈。许多国家都将创新能力提升为国家战略，各国围绕科技创新的竞争力与合作不断加强。未来五年是我国全面建成小康社会的决定性阶段，能否成功转变发展方式、推进产业升级、跨越"中等收入陷阱"，关键是看能否依靠创新打造发展新引擎、培育增长新动力，为我国创造一个新的更长的增长周期。在发展的攻坚阶段，对科技进步和创新有了更加全面、更加紧迫的需求。大幅提高自主创新能力，切实增强科技创新对经济社会发展的支撑引领作用，成为当今时期科技发展和建设创新型国家的客观要求。在这一背景下，中国共产党第十八次全国代表大会提出创新驱动发展战略是国家发展战略中最根本、最关键的战略，科技创新是解决社会生产力水平总体上不高，发展不平衡、不协调、不可持续等问题的主要手段。十八届五中全会提出，创新是引领发展的第一动力，必须把发展基点放在创新上，塑造更多依靠创新驱动、更多发挥先发优势的引领型发展。2016年5月，中共中央、国务院印发的《国家创新驱动发展战略纲要》，从创新驱动发展的系列部署和要求，进行了顶层设计和系统谋划，将创新发展理念落实到具体的行动之中。

知识资源的占有、配置、创造和利用方式的优劣，成为决定一个国家科技竞争力和创新能力强弱的关键因素；科技资源是科技创新活动的基础，一个国家创新能力和综合竞争力的强弱，在很大程度上取决于科技资源的数量、质量、管理水平，以及科技资源的开发和利用能力。科技资源是科技工作者进行科技活动必须具备的条件，也是各个国家重要的一种战略资源。科技资源包括各类物质基础和各种科学信息，是实现我国经济发展由要素驱动转变为创新驱动的保障，是促进我国科技进步的重要支撑。科技基础条件平台是科技资源重要载体，科技基础条件平台建设是运用现代信息技术等手段，有效整合科技资源，为科技创新和经济社会发展提供共享服务的网络化、社会化的组织体系，是科技资源有效管理和开放共享的重要载体。支撑全社会创新活动的科技基础条件，也日益成为国家的重要战略资源，显示出在国际竞争中的战略性地位。科技基础条件的优化与重整，正在成为国家基础设施的重要组成部分；正在成为国际科技创新竞争的一个新的焦点；正在成为各国政府最具优先权的基本任务。发达国家普遍把优化科技基础条件作为强化竞争优势的一项国策，许多发展中国家也把科技基础条件的重整与改善，作为实现国家跨越发展的战略举措。

科技基础条件作为一个国家科技发展所必须具备的物质基础，已经成为衡量国家科技能力的重要标志。科技基础条件建设已经上升为国家的战略性高度，世界各国对科技基础条件建设的战略部署和规划空前重视。加强科技基础条件建设，提升科技创新能力，推动经济社会可持续快速发展，已成为我国科技工作的重要历史使命。加强科技基础条件平台建设，将有效推动我国的科技创新，提高我国科技在国际上的竞争地位，促进经济社会的可持续发展。《国家中长期科学和技术发展规划纲要》指出："科技基础条件平台，是科技创新的物质基础，是科技持续发展的重要前提和根本保障。"科技基础条件平台建设是国家创新能力建设的重要举措，对于提高我国科技创新能力、建设创新型国家具有重要作用。2016年中共中央、国务院印发的《国家创新驱动发展战略纲要》中指出：

"构建国家科技管理基础制度。再造科技计划管理体系，改进和优化国家科技计划管理流程，建设国家科技计划管理信息系统，构建覆盖全过程的监督和评估制度。完善国家科技报告制度，建立国家重大科研基础设施和科技基础条件平台开放共享制度，推动科技资源向各类创新主体开放。"

山西省委书记骆惠宁在山西省第十一次党代会向大会做了题为《以习近平总书记系列重要讲话精神为指引 忠诚担当 攻坚克难 为全面建成小康社会而奋斗》的报告，为山西未来五年的发展指明了前进方向、实现途径和目标任务。报告指出，山西省一段时间经济遭遇断崖式下滑，主要原因是山西省经济结构不合理。山西省下一步发展将紧紧抓住市场倒逼的历史机遇，坚定不移走上转型之路。今后五年，将山西省省打造成国内外有影响力的资源型经济转型综合配套改革试验区，现代装备制造、新材料、节能环保和信息产业基地，国家新型综合能源基地，世界煤基科技创新成果转化基地，中西部现代物流中心，富有特色和魅力的文化旅游强省，内陆地区对外开放高地，综合竞争力、人民生活水平和可持续发展能力明显提升；再经过一段时间的持续奋斗，使山西整体发展水平在我国中西部地区位次前移，在全国大局中发挥重要影响。

毋庸讳言，随着山西省经济结构和产业转型发展，随着资源型经济转型综合配套改革试验区发展的逐步深入，科技创新的主导作用将日益显著，支撑全社会创新活动的科技基础条件也日益成为重要的战略资源，显示出在经济发展中的战略性地位。科技基础条件是科技创新发展的重要基础，切实增强科技基础条件建设是增强自主创新能力的重要举措。山西省科技基础条件平台建设既强调科技资源的战略重组和系统优化，构建公益性、基础性、服务性的科技物质和信息保障系统，又突出科技基础设施、研究实验基地、科研装备发展以及综合实验服务基地建设，力争实现科研条件的跨越发展，为山西科技创新和经济社会发展提供坚实保障。

为了实现山西省科技创新突破，着力解决山西省科技创新能力不足等问题，《中共山西省委 山西省人民政府关于实施科技创新的若干意见》中，特别提出，要深化科技管理体制机制改革，改革山西省级科技计划（专项、基金）管理体制。强化科技管理体制的顶层设计，搭建公开统一的山西省科技管理平台。《山西省人民政府关于大型科研设施与仪器等科技资源向社会开放共享的实施意见》（晋政发〔2016〕4号）指出，山西省力争用三年时间，建立健全山西省科技资源开放共享制度，建成山西省统一开放的科技资源网络管理服务平台，并形成覆盖全省的科技资源服务体系，实现山西省科技资源有效配置、科学管理、科技服务、监督、评估评价全链条有机衔接，基本解决山西科技资源分散、重复、封闭、低效等问题，科技基础条件资源利用率和开放共享水平进一步得到提高，科技基础设施条件专业化服务能力和水平得到明显增强，对科技创新的服务和支撑作用大幅度提升。

科技基础条件平台构建将突出科技资源共享和科技基础条件建设，主要支持科技文献、科学数据、自然科技资源、大型科学仪器设备共享资源整合与共享平台建设等基础条件建设。科技基础条件平台计划是山西省科技计划的重要组成部分，是推进全省科技进步与创新的重要基础性工作。科技基础条件平台计划的实施为山西省科技发展起到重要的支撑作用。通过科技基础条件平台计划的实施，进一步加强山西省科技资源的战略重组和系统优化，构建公益性、基础性、服务性的科技物质和信息保障系统，为山西省科学技术研究和创新活动提供有力支持，更好地为山西经济建设、社会发展和科技创新服务。

目前，山西省已经有多个科学领域建成一定数量和规模的科技平台，在支撑山西省科技创新能力提升方面取得了积极的进展。支撑科技进步与创新的基础条件，已经成为山西省社会经济发展的重要战略资源。但是，无论与世界发达国家相比，还是与我国科技发展增长需求相比，山西省科技平台建设和发展都面临新机遇和新挑战。

从整体情况来看，相当多的领域还极度薄弱，数量少，质量差，整体水平比较低；共享环境相对较差，部门条块分割、重复建设、资源利用率低的局面没有得到根本扭转。省内尚未形成系统有效的为全社会科技进步和创新提供基础支撑的条件平台，科技资源的发展水平、利用效率同科技、经济和社会发展的要求相比仍有较大差距，投入分散、资源垄断、信息封闭、各自为战的现象严重制约了山西省整体科技创新能力的提高。面对日益激烈的科技竞争，全面提升山西省科技资源的任务已经显得十分紧迫。

科技基础条件是决定国家科技创新能力的关键因素，因而，科技基础平台的建设是增强山西省科技总体实力、实现山西省科技发展战略设想的基本保障。山西省在加强科技基础平台战略与规划发展研究方面还不够完善；政府宏观顶层规划设计、总体布局、制度设计也不够合理、严密，社会各界对科技基础条件的认识不足，更没有认识到加强科技基础条件平台建设的重要性。

为了破解山西省科技创新平台基地建设和发展中遇到的各种问题，同时也为制定山西省科技创新平台基地发展建设与规划提供依据，在山西省科技厅基础处处长李国栋和副处长萧玉雷的带领下，成立了由山西大学、太原理工大学、太原科技战略研究院、山西省科学技术情报研究所组成的"山西省创新平台基地建设与发展规划研究"课题研究组。

本课题研究的主要内容：根据《国家中长期科技发展规划纲要》与实施创新驱动发展战略等相关要求，结合山西省加快经济转型，实施"六大发展"及"十三五"规划的战略安排，从山西省当前科技发展的现实要求出发，全面分析山西省科技创新平台基地发展建设成果及存在的问题，研究创建科技创新平台基地的合理路径与实施方案，提出山西省建设科技创新平台基地的总体目标、总体思路、建设模式、运行机制、政策措施等发展战略与规划，整合现有的科技条件和人力资源，实现人力与物力的最佳配置，全面提升科技投入效益，使科技创新平台基地更好地服务于科技创新支撑体系，大幅度提高山西省基础研究整体实力和水平。

本书是山西省科技厅2016年软科学重大项目《山西省创新平台基地建设与发展规划研究》研究成果之一。《山西省科技基础条件平台建设与发展规划研究》是《山西省创新平台基地建设与发展规划研究》项目的子项目。本项目经过课题组成员细致认真的工作，在研究国内外科技基础条件平台现状和未来发展、在广泛调研的基础上，通过对山西省科技基础平台建设研究，对山西省目前科技基础条件平台建设的现状、存在的问题与弊端进行分析，试图为解决这些问题提出相应的对策和措施，希望能够对有效解决科技基础平台建设中的实际问题，并对以后的建设与改革工作有所启发。本研究对新时期下科技资源管理的最新理论研究成果，以及推进我国科技资源共享与服务创新的战略路径进行了探讨，同时对国内外科技资源共享领域的应用需求与实践经验进行了研究。

随着我国改革力度的加深，在创新驱动发展战略上不断加快落实，主动适应和引领经济发展新常态，形成了大众创业、万众创新的新局面。2016年是"十三五"规划的开局之年，也是全面建成小康社会决胜阶段的开局之年。在新的历史关头，如何创新科技资源共享模式，健全服务机制，拓展服务途径，丰富服务内涵，及时满足各类创新主体对科技资源的迫切需求，已经成为今后我国科技资源共享研究和实践的重大课题。

本项研究得到了山西省科技厅基础处的直接领导的帮助和大力支持，得到了部分高等学校、科研院所、企业等单位和有关专家的大力支持，在此表示衷心的感谢。

第二章 我国科技基础条件平台发展研究

科技基础条件平台是在信息、网络等技术支撑下，由公共科技文献平台、公共科学数据平台、自然科技资源平台、大型科研设施与仪器共享平台等组成，通过有效配置和共享，服务于全社会科技创新的支撑体系；是运用现代信息技术手段，有效整合科技资源，为科技创新和经济社会发展提供共享服务的网络化、社会化的组织体系；是通过优化科技资源有效配置，实现推动科技资源有效管理和开放共享的重要载体；是科技创新的物质基础和根本保障。进一步加强科技基础条件平台工作，推进大型科研设施与仪器、科学数据、科技文献、生物种质资源和实验材料等科技资源的管理，对于增强自主创新能力、推动创新驱动发展具有重要意义。

1 我国科技基础条件平台建设背景

随着全球化经济社会的发展，科学技术的进步，科技基础条件的优化与重整逐渐成为现代国际科技创新竞争的一个新焦点，许多发达国家普遍把科技基础条件平台建设与共享作为国家强化竞争优势的一项战略国策，利用科技基础条件平台提供的资源为社会提供更多地创新条件，提高整个国家的创新能力，发展中国家也将科技基础条件平台建设与共享作为实现国家跨越发展的战略举措。我国经济进入新常态以后，社会经济发展更多地由投资驱动和要素驱动转变为科技创新驱动，科技创新的作用对于经济社会发展的影响也越来越大。科技基础条件平台的建设与共享，也成为一个国家或地区基础设施建设的一部分，虽然科技基础条件平台与社会民生问题没有直接关系，但科技基础条件已经是突破先进技术，实现技术改革的必由途径，是突破技术壁垒，解决社会经济发展与战略性科技专项的基础条件与重要手段。

我国科技基础设施和条件建设经过长期努力，具备了一定的物质基础。尤其是改革开放以来，我国科技基础条件工作取得了很大进展，在资源整合与共享等方面，都进行了有益的探索和研究。但从全国整体范围看，在科技基础设施和条件建设与管理以及共享等方面，同我国科技发展的要求相比较仍然具有非常大的差距。在科技竞争日益激烈的今天，我国科技基础条件的发展已经远远无法满足科技发展和科技创新的需求，主要表现为整体布局相对缺乏，建设多头管理、分散投入，共享机制不完善，科技资源管理制度滞后，积累型科技资源支撑体系有待形成，其导致的后果是我国科学技术发展过程中产生的大量科技信息、科学数据、大型科学仪器设施、实验动物、种质资源等科技资源出现大量搁置、封闭现象，许许多多宝贵科技资源利用效率低下，国家科技投入收益不高。

为了顺应当代科技的发展趋势，加强我国在日趋激烈的国际竞争中的主动性，必须强化科技基础条件建设，建立健全我国创新资源建设和科技基础条件支撑体系，全面提高我国科技创新能力。在这种背景下，为加强科技创新基础能力建设，推动我国科技资源的整合与共享高效利用，改变我国科技条件建设多头管理、分散投入的状况，减少科技资源低水平利用和浪费，打破科技资源条块分割、部门封闭、信息滞留和数据垄断等格局，2002 年，经国务院批准，科技部会同财政部等 16 个部门启动国家科技基础条件平台建设试点工作。2003年，财政部下拨专项经费 5.5 亿元，围绕国家科技基础条件平台建设重点任务，开展了更大范围的科技基础条件平台的试点工作。

2004 年 7 月，国务院办公厅转发了科技部、发展改革委、财政部、教育部《2004—2010 年国家科技基础条件平台建设纲要》，正式启动了国家科技基础条件平台建设，推动我国科技资源整合共享工作。2006 年 12 月，科技部、财政部共同成立了国家科技基础条件平台中心，推进科技平台和科技资源的专业化管理。国家科技基础条件平台中心，以科技基础条件平台建设为载体，充分发挥政府的顶层设计和宏观调控作用，不断集成和优化科技资源配置，推动科技资源开放共享，提高科技资源使用效率，增强我国科技创新能力，有效支撑科技创新及经济社会发展。国家科技基础条件平台中心的成立标志着我国科技基础条件平台的建设正式启动和运行了。

国家科技基础条件平台是用于探索未知世界、发现世界自然规律、实现社会技术变革的复杂的科学研究系统，是我们国家突破科学前沿、解决国家发展经济社会和国家安全重大科技问题的技术基础和重要手段。科技基础条件设施是国家科技发展的基础设施，是国家科技创新体系的重要组成部分，是国家科技创新活动的公共平台，它具有全社会共享、公益性等特点，其要求平台资源为全社会所有科技创新活动成员共同服务、联合使用、共同受益。科技基础条件平台的建设是一个持续和长期积累的过程，对推动我国创新驱动发展，加快实现跨越式发展具有深远意义。

2 我国科技基础条件平台发展历程

20 世纪 90 年代中期，科技部鉴于我国科技基础条件的落后情况和国家社会经济发展的需要，开始着手考虑加强我国科技基础条件资源的建设工作。当时的工作，主要是从大型科学仪器与设施、科技文献等资源整合共享等方面入手。

2002 年，科技部联合有关部门，启动了国家科技基础条件平台建设试点工作。在资源调查和战略研究的基础上，于同年 5 月和 9 月两次向国务院提交了关于加强国家科技基础条件平台建设的建议。2002 年 10 月，李岚清副总理对国家科技基础条件平台建设做出了重要批示，李岚清副总理充分肯定了科技基础条件平台工作的重要性，要求有关部门予以支持。2003 年 1 月，朱镕基总理主持召开了国家科教领导小组会议，在会上讨论并原则同意了科技部关于国家科技基础条件平台建设的工作汇报。2004 年 7 月，国务院办公厅转发了由科技部和财政部、发展改革委、教育部联合制定的《2004—2010 年国家科技基础条件平台建设纲要》（以下简称《平台建设纲要》），为我国经济基础条件平台建设工作的整体推进做出了统一部署。根据《平台建设纲要》，2005 年 7 月国家四部委联合颁布了《"十一五"国家科技基础条件平台实施意见》（以下简称《实施意见》），对"十一五"国家、行业和地方各级平台建设的任务和职责进行了总体安排，《实施意见》的颁布标志着我国科技基础条件平台建设工作的全面启动。为落实《实施意见》中国家层面的科技基础条件平台建设任务，2005 年，科技部联合财政部在中央本级设立专项资金，以跨部门、跨行业、跨地区的科技基础条件资源的整合与共享为重点，正式启动实施了国家科技基础条件平台专项（以下简称"平台专项"），在研究实验基地和大型科学仪器设备、自然科技资源、科学数据、科技文献、成果转化公共服务、网络科技环境等六大领域布局实施。2006 年，国务院发布《国家中长期科学和技术发展规划纲要（2006—2020 年）》，将科技平台建设作为重要的战略任务予以重点部署。从

"十一五"开始，科技部把平台专项摆在与"973"计划、"863"计划和支撑计划同等的主体计划地位予以组织实施。2008年3月13日，科技部、财政部两部委联合印发了《关于开展科技基础条件资源调查工作的通知》，对全国重点科技条件资源进行全面调查，科技基础条件资源调查的具体组织实施工作由国家科技基础条件平台中心承担。2009年9月25日，科技部、财政部在北京举行了"中国科技资源共享网"开通仪式。2009年，中国科技资源共享网开通，国家科技平台标准化技术委员会成立。国家科技基础条件平台中心成立、中国科技资源共享网开通、国家科技平台标准化技术委员会成立，意味着我国科技基础条件平台建设三项基础性工作相继启动，有力地支撑了国家科技基础条件平台建设各项工作顺利开展。

2010年6月3日，为进一步推动中小企业调整结构和转变发展方式，加快中小企业公共服务平台建设，人力资源和社会保障部、财政部、发展改革委、工业和信息化部、环境保护部、科技部、国家质检总局等7部门联合印发了《关于促进中小企业公共服务平台建设的指导意见》。2011年6月13日，科技部、财政部联合发布《关于开展2011年科技基础条件资源调查工作的通知》，2011年，科技基础条件资源调查工作正式启动。2011年7月，科技部、财政部联合发布了《关于开展国家科技基础条件平台认定和绩效考核工作的通知》，并同时向社会公布了《国家科技基础条件平台认定指标》和《国家科技基础条件平台运行服务绩效考核指标》。

2012年，党中央、国务院召开了全国科技创新大会，会上讨论并公布了《关于深化科技体制改革加快国家创新体系建设的意见》，要求深化科技体制改革，促进科技与经济社会发展紧密结合，重点内容是强化科技平台开放共享。《国家重大科技基础设施建设中长期规划（2012—2030年）》，对我国科技基础条件平台开放共享做出了非常具体明确的要求，健全建立我国重大科技基础设施开放共享制度，最大限度发挥科技基础条件公共平台的作用，健全社会各界用户参与机制，形成高等院校、科研院所、企业多方共建、共享和共管的局面。

2014年12月31日，国务院进一步公布了《关于国家重大科研基础设施和大型科研仪器向社会开放的意见》，意见明确指出，相关科研基础设施与大型仪器管理单位应按照统一的规范和标准，向社会各界公布自身设备的使用状况以及使用方案，积极主动搭建在线实时服务平台。为了使各个服务平台能构成跨领域、跨部门、多层次的网络服务体系，要求后期还需将各个零散的服务平台整合在一起，逐步形成国家统一的网络管理平台。此外，相关科研基础设施与大型仪器管理单位还需要记录各种科研设施与仪器开放情况，向社会及公众发布科技平台开放共享制度及实施情况，公布科研设施与仪器分布、利用和开放共享情况等信息。2015 年，科技部印发了《科研设施与仪器管理单位在线服务平台建设运行管理规范》和《科研设施与仪器国家网络管理平台管理单位数据报送规范》，对科研设施与仪器管理单位在线服务平台建设、运行、管理和数据报送等相关工作的规范化和标准化提出了具体规范要求。

2015 年 8 月，国务院发布了《关于印发促进大数据发展行动纲要的通知》，通知指出，要发展科学大数据，积极推动由国家公共财政支持的公益性科研活动获取和产生的科学数据逐步开放共享，构建科学大数据国家重大基础设施，实现对国家重要科技数据的权威汇集、长期保存、集成管理和全面共享。

在国家政策指引和国家科技基础条件平台建设的带动下，我国地方科技基础条件平台也开始逐步建设发展起来。2009 年 10 月 15 日，31 个省、自治区、直辖市、5 个计划单列市和新疆生产建设兵团完成了地方科技基础条件资源调查填报和汇交工作。《2004—2010 年国家科技基础条件平台建设规划纲要》和《"十一五"国家科技基础条件平台建设实施意见》相继发布后，各省（自治区、直辖市）和有关部门均明确了相关机构负责本部门和本地区科技基础条件平台建设工作，科技基础条件平台建设的统筹协调机制和工作管理体系得到进一步完善。"十二五"规划和国家科技体制改革文件将科技基础条件平台作为科技工作的重点以后，地方科技基础条件平台工作更是呈现出全面发展的态势，地方科技基础条件平台不仅类型更加丰富，模式更加多样化，而且管理体系也更加完善健全。

3 我国科技基础条件平台建设进展及成效

科技基础条件平台建设是我国创新体系建设的一项战略性、基础性工程。科技基础条件平台建设启动实施以来，一直以整合为主线、共享为核心、制度为保障，积极探索不同类型科技资源的建设、管理、利用模式和开放共享机制，有效促进了我国各种科技资源的优化配置和高效利用。国家科技基础条件平台先后建立了科技基础条件平台的国家级认定，开展了科技基础条件平台绩效考评和奖励补助等机制，着力强化科技基础条件平台运行服务和科技资源开放共享。借助国家科技基础条件平台的发展之力，我国国家层面的各部门以及各省、市、地区的地方科技基础条件平台建设也各具特色、蓬勃发展起来。

仅"十一五"期间，我国中央财政累计投入到科技基础条件平台建设专项经费约为 29.1 亿元，各省市区域地方政府以及国家机关各部门投入到科技基础条件平台的配套经费约为 3.75 亿元，共启动了 42 项科技基础条件平台建设专项项目。

我国科技基础条件平台经过多年的发展，目前已经初步建立起跨部门、跨区域、多层次的资源整合与共享网络体系，建立和完善了重点科技资源的物质与信息保障系统，并探索了不同类型科技资源建设的管理模式和共享机制，以科研设施与仪器为代表的科技资源规模持续增长，覆盖领域不断拓展，技术水平明显提升，综合效益日益显现，我国各类科技资源得到有效配置和系统优化，资源利用率大大提高，为营造大众创业、万众创新的良好环境和实施创新驱动发展战略提供了有力支撑。

3.1　国家科技基础条件平台中心成立，科技资源专业化管理水平和科技服务水平得到有效提高

2006 年 2 月，国家科技基础条件平台中心经过中央编制办公室同意批准成立。自成立以来，国家科技基础条件平台中心就以推动我国科技资源优化配置、持续增强我国科技资源的支撑保障创新能力作为其发展的总目标。多年来，科技基础条件平台中心努力强化其各种服务意识，为实施我国科技创新驱动发展战略，增强我国科技自主创新能力，建设创新型国家贡献力量。经过多年不懈的努力，平台中心对各类型科技资源的专业化管理水平得到有效提升。

3.1.1　科技资源科学化管理水平得到有效提高

国家科技基础条件平台中心致力于科技基础条件资源的专业化管理，积极努力推动我国科技资源建设发展，优化配置各类科技资源，使我国科技资源开放和共享，从而得到高效利用。主要科技资源包括：重大科研基础设施和大型科学仪器、科学数据和信息、生物种质和实验材料等。科技基础条件平台中心的主要职责包括：组织开展国家科技条件资源建设和共享的战略和政策规划研究，为国家相关规划、政策的制定提供依据；了解和掌握我国科技基础条件资源的状况，提出科技资源优化配置的意见和建议；指导、组织和推动科技资源的建设和开放共享，提升科技资源对科技创新的支撑保障能力，促进科技资源的高效利用；此外，科技基础条件平台还承担国家工程技术研究中心、科技基

础资源调查专项等过程管理工作。

国家科技基础条件共享平台是我国科技创新体系的重要组成部分。国家科技基础条件建设自 2004 年正式启动以来，对促进全社会科技资源的高效配置和综合集成、提高科技创新能力、实现科技与经济社会发展的紧密结合发挥了十分重要的作用。尤其是"十一五"以来，国家科技基础条件平台中心整合相关领域优质科技资源，调动高校、研究院所等机构的服务力量，在提高对各类型科技资源的专业化管理水平的同时，为我国科技创新和经济社会发展提供了大量支撑保障服务。

近 10 年来，在国家有关部门和地方政府以及科技资源管理单位、科技界专家等共同努力下，国家科技基础条件平台工作取得了积极进展和成效。

通过多年的努力，我国科技基础条件平台建设经过了从理念到实践、从局部试点到全面推开、从启动建设到发挥效益，实现了科技基础平台历史性的起步和发展。我国科技基础条件平台跨部门、跨区域、多层次的资源整合共享网络体系格局已经基本形成，各类资源分散、重复建设的状况得到有效改善。通过构筑的大型科学仪器设备和研究实验基地、自然科技资源、科学数据、科技文献、科技成果转化、网络科技环境等六大领域平台建设体系，面向社会开放共享各类资源。

截至 2016 年 11 月，国家网络管理平台已与上海、山东、湖北等 6 个省级仪器服务平台互联对接。中国科学院、清华大学、中国科学技术大学等 1495 家高校和科研院所的在线服务平台已纳入国家网络管理平台。纳入国家网络管理平台开放共享的重大科研基础设施有 58 个，原值 50 万元以上的大型科研仪器有 2.68 万台（套）；135 万份自然资源实物、970 万号标本、4000 余种标准物质、22 万种科技图书、6 万种科技图书、6 万种科技期刊、138 万余条标准和技术法规、41 万项科技成果信息，以及 160TB 的科学数据等大量科技资源实现了整合、开放和共享。中国计量科学院负责计量基资源共享基地、中国科学院各菌种保藏中心负责国家微生物资源平台基地、中国矿业大学负责标本资源平台基地建设。以中国科学技术协会牵头的国家数字科技馆为例，其主要提供的是科技资源共享中的科普活动，由 1 个牵头单位和 41 个参建单位共同建设，2014 年其服务人数达到了 491.6 万人。2015 年到 2016 年 11 月，各类在线服务平台服务用户超过 6.2 万人。

2004 年，纳入国家科技基础条件平台建设专项统筹推进，累计支持了 14

个科学数据共享平台建设，整合了农业、气象、地震、人口健康、材料、能源、地质、海洋、水产、林业等 10 个技术领域 32 大类科技资源数据库共计 5 万余个，数据总量超过 700TB，构建了由主体数据库、科学数据中心或数据网、门户网站构成的三级结构的数据管理与共享服务体系。同时，研究实验基地类共享平台，如国家生态系统观测研究网络平台也开展了大量科学数据共享服务，累计整合各类观测、监测和研究数据超过 4000GB。此外，通过平台建设也整合了大量的科技文献信息和科普信息，如中国数字科技馆整合数字科普资源超过 9TB。

通过多年努力，国家科技基础条件平台中心初步建立了科学数据与科技信息资源共享管理模式和服务机制，制定了一系列数据信息标准规范，树立了一批在领域内知名度较高的数据信息共享服务品牌，平台中心对各类科技资源数据管理可以进行有效的管理。

3.1.2　科技服务水平得到很大提高

科技基础条件平台根据科技资源需求和领域发展推进数据持续整合，将优质科学数据和信息资源不断补充更新到国家科技基础条件平台体系。与此同时，为进一步完善科学数据和信息资源更新机制，拓展资源整合渠道，科技部于 2011 年启动实施了国家科技计划项目科技资源的汇交与共享工作。目前，已累计整合了国家科技计划项目所形成的科学数据库（集）1 万余个，各类科技资源信息共计 18 万余项，审核通过的资源已向社会开放共享，并将纳入各科技基础条件平台开展数据共享服务。另外，2013 年，科技基础条件平台服务国家重大科技专项、国家重大工程项目（课题）以及各级各类科技计划项目（课题）1.2 万余项，同比增长约 70%，服务用户单位数量达到 34 万个，同比增长约 41.7%，有效地支撑了国家重大科技创新活动。2014 年，科学数据和信息资源类共享平台累计新增科学数据资源约 13TB，科学数据和信息资源进一步集聚。

从 2013 年度国家科技基础条件平台服务用户总体情况看（图 2-1），科技基础条件平台服务对象主要集中在企业、高等院校、科研院所。其中企业用户最多，所占比例为 42.58%，高等院校次之，占的比例为 23.25%，第三为科研院所，占的比例为 20.88%。其他领域占的比例较少，没有超过 10%，政府部门比例为 5.70%，个人占的比例为 3.60%。民间组织使用科技基础条件平台更少，只占 0.60%。民间组织使用标准物质平台相对较多，但也仅占总体服务的 2.86%。

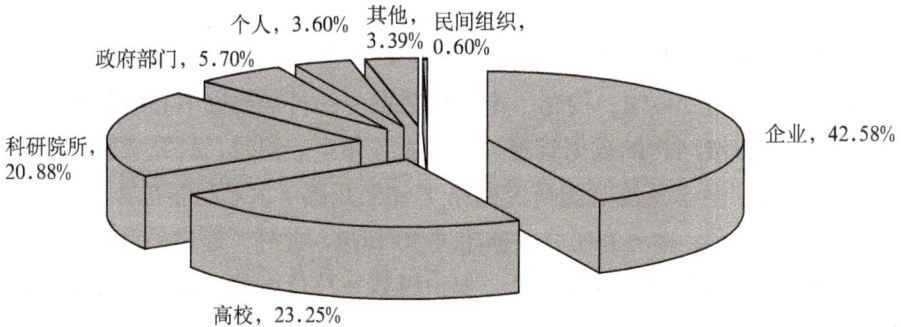

图 2-1　科技基础条件平台服务对象分布

（数据来源：国家科技资源共享服务工程技术研究中心）

从国家层面上看，国家科技基础条件平台建设，提供管理评价、政策制定类的公共服务，如科技资源的分类管理、科技平台监督管理和考核评估、国家重点科技资源调查；开展科技平台政策制度、规范标准、管理方式等研究等。科技基础条件平台总门户为中国科技资源共享网，各资源单位通过与共享网的站点对接，形成了战略联盟，冲破各科技资源领域的封闭性，向社会提供专业化、个性化的科技资源信息服务、网络协同服务以及跨领域交叉融合的知识服务，实现科技信息资源的共建共享。这些科技基础条件平台提供的服务，有强烈的专业性，由图 2-2 即可看出，主要专业仍然分布在教育和科研。教育 25%，科研、技术服务、地质勘测业 24%，农林牧渔业 15%，文化体育和娱乐业 11%，卫生、社会服务、社会保障业 4%，电力、燃气、水的生产及供应业 4%，交通运输、仓储和邮电业 4%，建筑业 3%，公共管理和社会组织 3%，采矿业 2%，批发零售业 2%，水利、环境和公共设备管理业 2%，居民服务和其他服务业1%，房地产 0。

科技基础条件资源是科技竞争力的核心要素，是国家创新体系建设的重要物质基础。国家科技基础条件设施建设是提高我国科学技术国际竞争力的重要基础。科技基础条件平台建设是创新体系建设中的一项基础工程，能够为增强自主创新能力，促进研发和成果转化活动提供有力支撑。世界主要发达国家和新兴工业化国家纷纷强化创新战略部署，在不断加大科技投入的同时，积极推进科技资源开放共享，科技资源整合与开放利用能力已经成为影响一个国家科技进步和创新能力的重要因素。

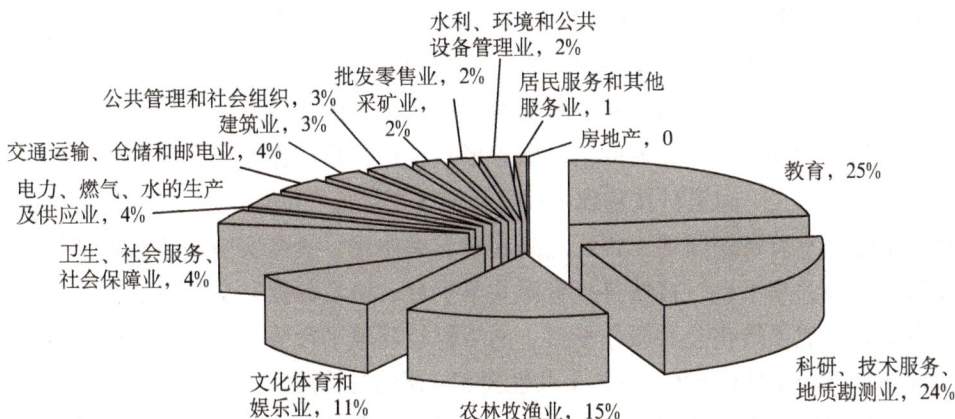

图 2-2　科技基础条件平台提供服务专业领域分布情况

（数据来源：国家科技资源共享服务工程技术研究中心）

3.2　大力推进国家科技基础条件平台建设，形成了一批专业化的科学数据和信息资源管理与共享服务机构

国家科技基础条件平台建设是以科技平台建设为载体，充分发挥国家政府的顶层设计和宏观统筹功能，该建设是一项具有战略性、基础性和公益性的系统工程，在建设过程中必须不断集成和优化科技资源配置，积极推动国家科技资源开放共享，努力提高我国科技资源使用效率，增强我国科技创新能力，有效支撑国家科技创新及经济社会发展。

从 2002 年国务院批准科技部、财政部等有关部门联合启动实施国家科技基础条件平台建设重点领域试点项目，到国务院办公厅转发科技部、发展改革委、教育部、财政部制定的《2004—2010 年国家科技基础条件平台建设纲要》，再到《国务院关于国家重大科研基础设施和大型科研仪器向社会开放的意见》（国发〔2014〕70 号）的颁布，国家科技基础条件平台已经走过了 14 年的发展历程。这 14 年，国家科技基础条件建设和发展都得到很大改善。

国家科技基础条件平台是由我国政府主导建设，通过构筑研究实验基地和大型科学仪器、设备共享平台、自然科技资源共享平台、科学数据共享平台、科技文献共享平台、成果转化公共服务平台、网络科技环境平台等六大领域平台建设体系，面向社会大众开放共享各类科技资源服务。国家科技基础条件平台的体系结构是资源、机制与服务的有机结合体，其框架主要包括 3 个层面、6

类平台、7个共性要素和1个接口。其中，3个层面是实物层、数据层、应用网络层。实物层是国家科技基础条件平台资源载体的实物表现。数据层是包含资源的数字化和相关领域所集成的科学数据库（集）的表现形式。应用网络层是国家科技基础条件平台重要的信息服务形式，是科技工作者和管理者获取资源信息的重要途径。国家科技基础条件平台的3个层面、6类平台、7个共性要素和1个接口有着密切联系，相互之间起着支撑作用。研究实验基地和大型科学仪器、设备共享平台、自然科技资源共享平台、科学数据共享平台、科技文献共享平台、成果转化公共服务平台、网络科技环境平台等6类平台是国家科技基础条件平台主体建设任务；7个共性要素：评估与检测、技术与标准、运行机制、组织保障、人才队伍、经费保障、政策法规则是国家科技基础条件平台资源整合和运行服务的保障体系；1个接口是指国家科技基础条件平台资源在人才资源建设、技术标准接轨、机制与合作渠道、国际政策研究与国际资源等方面互联对接的渠道。实物层、数据层是形成国家科技基础条件平台的资源基础，7个共性要素组成了资源集成的纽带。这个纽带将发布在不同地方（部门）的资源优势单位有机地结合起来，增加应用网络层向用户提供获取资源的有效途径，实现信息资源共享，代替实体资源的共享。

我国科技基础条件平台的资源共享公共服务模式，是由政府主导，市场机制逐步进入，部分企业、联盟和行业协会参与提供科技资源共享公共服务的运行发展模式。现在，国家科技基础条件平台基本建立了标准规范、规章制度和人才队伍三大保障体系，初步形成了以国家科技基础条件资源共享网络和研究实验基地为主体的现代科技条件支撑体系格局，有力地支撑了全社会科技创新活动。

夯实科学数据和信息资源管理与共享服务基础。我国对科学数据和信息资源进行系统整合与共享的工作起始于2001年科学数据共享工程。本着整合存量、调配增量的原则，科技部、财政部会同其他相关部门对我国科技资源进行集聚整合、战略重组和系统优化，在研究实验基地和大型科学仪器设备、自然科技资源、科学数据、科技文献等领域相继建成了一批国家科技基础条件平台。这些平台不断整合优质科技资源，积极面向科技创新和经济社会发展需求开展开放共享服务，不仅促进了科技资源的优化配置和高效利用，而且抢救保护了一批濒危的不可再生资源。

2011年，共有23家科技资源共享公共服务平台被认定为国家级科技基础条件平台。通过认定明确了国家科技平台开发共享服务的根本宗旨，为逐步建立国家、部门、地方互相衔接、互为支持、分层建设、分级管理的国家科技基础平台运行模式奠定基础。在研究实验基地与大型科学仪器设备领域，共有国家大型科学仪器中心、中国应急分析测试平台、国家计量基标准（物理部分）资源共享基地、国家生态系统观察研究网络、中国腐蚀与防护网等5个平台通过认定；在自然科技资源领域，共有国家农作物种质资源平台、国家微生物资源平台、农业科学数据共享中心、气象科学数据共享中心、地震科学数据共享中心、家养动物种质资源平台、水产种质资源平台、国家林木种质资源平台等8个平台通过认定；在科学数据领域，共有林业科学数据平台、地球系统科学数据共享平台、国家标准物质资源共享平台、国家实验细胞资源共享平台、人口与健康科学数据共享平台、国家生态系统观测研究网络等6个平台通过认定；在科技文献领域，有国家科技图书文献中心和国家标准文献共享服务平台2个通过认定；在网络科技环境领域，有北京离子探针中心和中国数字科技馆2个通过认定。

在认定的国家级科技基础条件平台中，国家累计支持了14个科学数据共享平台建设，整合了能源、地质、海洋、水产、林业等10个技术领域的科技资源数据库32类，其中资源数据库到达5万余个，数据量已经超过了700TB。研究实验基地类共享平台开展了大量科学数据共享服务，累计整合各类观测、监测和研究数据超过4000GB。中国数字科技馆整合数字科普资源超过9TB。通过多年努力，初步建立了科学数据与科技信息资源共享管理模式和服务机制，制定了一系列数据信息标准规范，树立了一批在领域内知名度较高的数据信息共享服务品牌，形成了一批专业化的科学数据和信息资源管理与共享服务机构。

我国科技水平与发达国家之间还存在较大差距，在科技基础条件方面差距更大。科技基础条件成为制约我国科技发展、提高我国科技竞争力的瓶颈之一，科技基础条件平台的建设成为事关我国科技竞争力提高的一项重大战略工程，是科技创新体系建设中一项基础工程，能够为增强自主创新能力、促进研发和成果转化活动提供有力支撑。科技基础条件平台中的研究实验与观测支撑体系、大型科学实施、计量基标准系统等不仅为基础研究、战略高技术研究和重要公益研究提供技术支撑手段，而且其建造和运行往往能够带动高新技术及其产业化的发展，又是进行原始性创新和创新人才培养的重要载体，而且有利于知识财富和科技资产的不断积累，这种支撑和积累必定会对我国在未来国家竞争中的实力和地位产生深远影响。

3.3 开展科技条件平台基础性工作，构建平台建设和科技资源优化配置联盟体系

国家科技基础条件平台中心认真落实党中央和国务院的决策部署，围绕健全国家创新体系和提高全社会创新能力，通过深化科技改革和制度创新，积极向高校、科研院所、企业、社会研发组织等社会用户开放科技资源，开展了各种形式的基础性工作。

3.4 开展科技基础条件调查，建成科技资源调查数据库和查询系统

摸清科技资源种类、数量、质量、分布、利用等状况，掌握家底存量，是加强科技资源科学化管理的前提和基础。2008 年，科技部、财政部正式启动实施了针对我国重点科技基础条件资源信息的调查统计工作。

调查对象主要有财政投资设立的全国各类科研院所和高等学校以及经科技部门认定的其他科研机构，范围涉及中央部门所属科研单位、地方属县级以上科研单位和经科技部门认定的其他科研机构。调查内容主要包括大型科学仪器设备保有和使用情况、研究实验基地基本情况、生物种质保藏机构及其保藏的种质资源基本情况、科技人才配置情况以及科技产出情况等。其目的，主要是摸清由财政资金设立的科研机构、科研基础设施等重点科技资源的家底，并通过对科技资源调查数据进行分析和利用，来指导我国科技资源投资和建设，促进科技资源的优化配置和共享开放，创新科技资源的管理模式，提高科技资源使用效率。比如，在对科技资源调查数据进行分析和利用的基础上，有效支撑大型科学仪器的购置评议，优化了大型科学仪器布局。摸清家底，为我国科技资源建设统筹规划、顶层合理设计布局、整合共享创造基础性科技支撑条件。

通过调查，基本摸清了中央部门和地方所属高校与科研院所大型科学仪器设备、研究实验基地、生物种质资源等重点科技资源的家底。共有 43 个中央部门和地方 31 个省市（自治区、直辖市）、5 个计划单列市和新疆生产建设兵团所属的 3600 余家科研院所、高等学校和有关企业被纳入科技资源调查体系。调查对象涉及 43 个部门、31 个省（区、市）、新疆建设兵团、5 个计划单列市和 10 个副省级城市所属的 3600 多家科研院所和高等院校，调查数据每年进行补充更新。截至 2013 年年底，已经建立了包括大型仪器设备、研究实验基地、生

物种质资源、高层次人才等 17 个分类资源信息库，被调查的 3600 家高校、院所拥有 5.5 万台（套）原值 50 万元以上的大型仪器设备，仪器原值达到 780.2 亿元，仪器设备利用率 72.3%；掌握省部级以上政府部门批准认定建设的各类研究实验基地 7715 个；植物种质保藏机构 319 家，保藏资源数量达到 108.3 万份，动物种质保藏机构 118 家，保藏资源总量达到 3.7 万份。这些基础数据为我国加强科技资源管理提供了重要的决策支持，如利用资源调查数据库和查询系统，开展了中央级科学事业单位修缮购置专项、国家科技重大专项、国家重点实验室等新购仪器设备查重评议工作。截至 2014 年年底，已累计减少重复购置 9500 多台，节约国家财政经费近 140 亿元，优化了科学仪器设备资源配置（叶玉江，2015）。

截至 2016 年 11 月底，科技资源共享网已整合研究实验基地和大型科学仪器设备、科技文献、自然科技资源、科学数据、网络科技环境、成果转化公共服务等六大领域 54 个资源平台的科技资源元数据 510 余万条，集成 1000 多个科技站点的 350 多万个网页信息。信息内容涉及：国务院 37 个部门、560 余所科研院所和高校、国家实验室、国家重点实验室、国家工程技术中心和企业创新支撑平台 500 余个，全国 31 个地方平台资源生物种质资源保存机构 270 余个，各级各类研究试验基地 2000 余个，各类资源信息元数据 511 万条，涉及的数据量有 5000 TB，形成 28 类资源基础数据库，科技资源网页 350 余万个，编制发布了大型仪器设备开发共享目录，根据资源调查大型仪器设备库，分类型、区域、隶属关系，整理可对外共享的 50 万元以上的大型仪器设备 2.67 万余台。建立了大型科研设备、研究试验基地、生物种质资源等 17 个资源信息库，这些数据库包含了相应资源的基本信息，这些信息反映了资源的结构、利用和动态变化情况，构建了科技资源优化配置共享体系。

通过调查相关内容，收集相关信息，初步摸清了我国中央科研、教育单位科研基础条件资源的配置情况，基本掌握我国科技资源的保存、运行、维护状态，可以对比该类资源的管理方式和维护成本，能够分析科技资源管理的核心要素和开放共享的可能性，推动我国科技基础条件平台的建设。

3.5　初步形成网络科技资源信息服务体系，构建我国科技基础资源体系

信息化和标准化是加强科技资源管理的重要技术手段。2009 年 9 月 25 日，科技部、财政部正式开通了中国科技资源共享网，网站的开通可以更好地促进

科技基础条件平台资源开放共享和高效利用。该网站是国家科技基础条件平台门户网站，是国家科技基础条件平台建设的核心内容之一，是我国科技资源信息汇集与发布的中心、科技成果展示的窗口、科技资源共享服务的门户、科技资源合作交流的枢纽，也是科技资源管理与监督的重要工具。中国科技资源共享网的宗旨是充分应用现代信息技术，推动科技资源共享，促进全社会科技资源优化配置和高效利用，提高我国科技创新能力。坚持"用户至上，服务为本"的基本原则，面向社会开放，为广大科技人员和社会公众提供科技资源信息导航和特色服务推荐。

中国科技资源共享网实现了全国科技资源导航与检索、搜索引擎、绩效评估监测和用户单点登录等功能，初步整合了部门、行业和地方的科技基础条件资源信息，形成面向科技人员和社会公众的网络信息服务体系。同时，各部门、各地方和科技资源管理单位也建设了各具特色的信息网络系统。总体上看，在国家、部门和地方、科技资源管理单位三级层面，我国已初步形成了逻辑上高度统一、物理上合理分布的科技资源管理与服务的信息网络架构。

为了进一步提升各平台门户网站建设及服务水平，科技基础条件平台中心组织完善了平台运行服务评估监测系统，组织开展了科技资源管理信息系统建设，从全局推进国家科技资源统筹管理、优化配置和开放共享。该系统整合集成了国家科技基础条件平台、国家科技计划项目资源交汇、科技资源调查的仪器设备、科学数据、科技文献、科技成果等各类科技资源，以中国科技资源共享网为客户端、按照分级分类原则对科技资源进行系统化、多维度展示，为政府部门科技管理和决策服务，为科研院所、高等学校和企业科技创新提高服务。

"十一五"期间初步建成的近60个国家科技基础条件平台通过中国科技资源共享网，以信息化、网络化手段推动和促进资源的开放和共享，满足社会需求。

中国科技资源门户网站按照类型划分，各类科技资源具体情况如下：

大型科学仪器设备：1.4万台（套）单价40万元以上的科学仪器设备资源信息，20座风洞试验设备信息，8万余条计量基准资源信息，20多万条分析测试方法，2万多条分析方法、技术标准，5000多条应急数据。

研究实验基地：220多个国家重点实验室，6个国家实验室、80余个野外台站和试验站、170多个国家工程技术研究中心、14个国家大型科学仪器中心、14个国家分析测试中心、4500多个质量检测机构。

自然科技资源：植物种质资源（21.7 万份描述，21 万份图像）、动物种质资源（14 大类，共有 9 万个）、标本资源（3 大类，324 万件）、微生物菌种资源（7 大类共有近 13 万种）、实验材料资源（3 大类共有 1703 个）、重要疾病资源（3 大类共有 7 万多个）、标准物质资源（4 大类共有 5517 个）、人类遗传标准化资源（7 大类共有 3 万多个）。

科技文献：林业科学数据（8 大类数据，45GB）、海洋科学数据（13 类数据库，230GB）、医药卫生（6 大类共有 269 个数据库/集）、地球系统（16 大类共有 1011 个数据库/集）、交通数据（6 大类共有 1722 个数据库/集）、农业数据（4 个大类共有 736 个数据库/集）、先进制造（5 大类共有 6256 个数据库/集）、地质与矿产（12 大类共有 99 521 个数据库/集）、气象数据（157 个数据库，2000GB）、地震数据（共 47 个数据库）。

科学数据：标准文献主要包括 40 余万条国家、行业和地方各类标准资源信息，ISO/IEC/DIN/BSI/NF/JIS/GB 数据库，部分美国联邦法规全文数据库，部分地方标准等的文摘数据库建设和强制性国家标准，国内行业标准数据库。

科普资源：整合 90 个专题馆，9 个专项资源库，数据量达 1TB，占国内现存同类资源的 90%。

研究实验基地和大型科学仪器、设备共享平台 12 个：全国大型科学仪器设备协作共用网；北京离子探针中心；国家大型科学仪器中心和分析测试中心；国家计量基标准（物理部分）资源共享基地；国家计量基标准（化学部分）资源共享平台；中国检测资源平台；中国应急分析测试平台；国家材料环境腐蚀野外科学观测研究平台；国家生态系统观测研究网络；国家特殊环境与灾害观测研究台站体系建设平台；国家大气成分本底观测研究台站体系建设平台；实验风洞。

研究实验基地与大型科学仪器设备平台建设，是按照国家科技、经济及社会发展和国家安全的需要，根据学科领域特点，以重点实验室、大科学工程、野外观测台站、大型仪器中心与实验装置、大型科学仪器共享网、分析测试体系和计量基标准等 7 个方面为主要建设范围，以信息共享为引导，以整合、建设为手段，以面向整个科技界的实物资源的开放共享为根本，构建国家研究实验基地和大型科学仪器平台。

自然科技资源共享平台 15 个：国家农作物种质资源平台；标本资源共享平台；国家标准物质资源共享平台；国家林木种质资源平台；国家实验细胞资源共享平台；国家微生物资源平台；家养动物种质资源平台；水产种质资源平台；人

口遗传资源平台；药用植物种质资源平台；经济昆虫种质资源平台；重要寄生虫虫种资源平台；实验动物遗传资源平台；重要野生植物种质资源平台；重要疾病遗传资源平台。

自然科技资源一般指经过长期演化自然形成及人为改造的、对人类社会生存与可持续发展不可或缺的、为人类社会科技与生产活动提供基础材料，并对科技创新与经济发展起支撑作用的战略物质资源。主要包括植物、动物、微生物和人类等遗传资源，以及实验生物材料、生物标本、岩石矿物及化石标本等。

科学数据共享平台10个：人口与健康科学数据共享平台；地球系统科学数据共享平台；地震科学数据共享中心；林业科学数据平台；农业科学数据共享中心；气象科学数据共享中心；海洋科学数据平台；交通科学数据共享网；先进制造与自动化科学数据平台；地质与矿产资源科学数据平台。

科学数据是人类社会在科技活动中产生的数据、资料以及按照不同需求系统加工的数据产品和相关信息。科学数据共享的建设是利用现代信息技术，以政府生产、拥有和政府资助项目产生和积累的科学数据资源整合与共享服务为突破口，整合、集成各部门、各地方、各单位的科学数据资源，充分利用国际科学数据资源，抢救离散科学数据资源，开发系列数据集和产品，构建面向全社会的网络化、智能化的科学数据管理与共享服务体系。

科技文献共享平台2个：国家标准文献共享服务平台；国家科技图书文献中心。

科技文献资源建设是对各类科技文献资源进行集成和扩充。利用国家电信设施，在各级各类主要科技文献信息机构之间形成涵盖全国的科技信息资源与服务网络，利用国家的增量投入盘活各单位原有的科技文献与网络信息资源，实现系统内部增量与存量文献信息资源和文献信息服务的共享，建成面向全国的、分布式的科技文献信息联合保障系统，促进信息服务向知识服务的转化，构建国家科技文献资源保障体系和网络服务体系。

网络科技环境平台6个：中国数字科技馆；国家网络计算环境及应用平台；天文、生物、化学网络计算应用；气象网络计算应用系统；地震网络计算应用系统；生物信息网络计算应用系统。

成果转化公共服务平台1个：全国科技信息服务网。

成果转化平台主要是制定各项促进成果转化和鼓励创业的政策措施，运用市场机制，建设吸引企业参与科技成果转化的基础设施和相应服务体系。建立专业化的技术服务基地，提高其配套和工程化技术服务水平；建立技术成果评估体系，构建技术信息交流平台；完善高新区和其他各类科技园的服务功能，开展各类特色产业化培育基地建设。

作为科技基础条件平台建设的"领航牛鼻子工程"，科技资源共享网已经初步整合了行业、部门、地方的科技基础条件资源信息，形成了逻辑上高度统一、物理上合理分布的信息管理和服务构架，成为一个拥有丰富科技资源和强大应用服务能力的专业化科技资源共享门户网站。目前，科技资源共享网已经发展成为我国科技资源信息汇集与发布的中心、科技成果展示的窗口、科技资源共享服务的门户平台，同时也成为我国科技资源和国外科技资源合作交流的枢纽，也是我国科技资源管理决策的支持系统，科技资源管理与监督的重要工具。

3.6　提升科技平台运行服务能力，推动科技平台资源共享整体进展

国家科技基础条件平台在成立初期是以项目建设为主，随着科技基础条件平台建设的不断完善，逐步实现了科技基础条件平台由项目建设向运行服务的转变。为了规范科技基础条件平台运行管理，推进科技平台运行服务，推动科技平台科技数据深度挖掘，深化科技平台资源整合与共享，同时也为了进一步提高国家科技基础条件平台运行服务水平和能力，丰富和完善平台服务形式，按照科技部领导科技基础平台应该是"以用为主，重在服务"的要求，国家科技基础条件平台积极开展了推动各种形式的科技基础平台服务工作。科技基础条件平台面向社会提供大型仪器设备共享共用，自然科技资源信息及实物共享、科学数据与科技文献及标准远程共享等多种服务。经过多年的建设与发展，科技基础条件平台中心的工作思路、管理方式和运行模式都发生了巨大变化，科技基础条件平台支撑科技进步和经济社会发展的能力得到显著提高。

国家科技基础条件共享平台的服务模式随着自身的发展，以及我国科技、经济、社会需求的变化而不断调整，在实践中持续探索高效的科技服务途径。"十二五"以来，国家科技共享平台在传统服务基础上创新服务模式，组织开展了各种科技专题服务工作。经过几年的探索和实践，专题服务模式得到不断发展和完善，逐步成为国家科技共享平台服务的主要模式之一，有效提升了国家科技共享平台的服务能力和管理水平。

科技基础条件平台中各科学数据和信息资源共享平台，围绕聚焦我国社会发展中战略性新兴产业、农业科技创新和国家科技重大专项等方面的重大需求

和科技热点，组织开展了各种形式的多项综合性、系统性、知识化的多平台联合专题服务。围绕涉及国家科技创新和经济社会发展息息相关的主题领域需求，开展了诸如"面向中西部区域重点农业产业专题服务""新材料领域战略性新兴产业专题服务""食品中非法添加物及可能滥用添加剂专题服务"等近百个专题服务方案，在大气污染防治、远程医疗、水土保持、科技救灾、传染病预测预警、材料腐蚀、科学普及等许多方面开展了多项联合专题服务，形成了一系列科学数据和信息服务产品，推动了科学数据与信息资源的深度挖掘与综合集成，有效释放了科学数据与信息资源共享内生动力。23家国家科技基础条件平台，根据各平台自身特点和优势，面向我国经济社会发展重点领域的重大需求开展的这些专项专题服务取得了良好的社会效益与经济效益，服务成效显著，成果可喜。

专题服务是科技基础条件平台服务工作的重要组成部分，是平台在多年运行服务过程中实践探索出的服务形式，专题服务工作的开展是提高平台运行服务水平和能力，并丰富平台服务形式和内容的重要手段。专题服务工作以满足科技进步和经济社会发展重大需求为导向，依靠平台丰富的优质资源，在经过前期充分调研的基础上，集中力量整合平台优势资源，制作资源产品，开展一些符合企业需求特点、适应性强的资源产品的专题服务工作，在各平台统筹组织和精细化管理的保障护航之下，突出专题服务在平台运行服务中的地位，保障各平台专题服务工作完成的质量和效果。

在各平台专题服务中，重点围绕支撑发展方式转变，推进科技资源面向企业的共享服务。如水产种质资源平台、国家材料环境腐蚀野外科学观测研究等平台提出的面向企业的专题服务，分别开展了"家电、工业产品标准集成推广专题服务""面向用能企业能源计量专题服务""水产良种选育和推广专题服务"等专题服务；林业科学数据平台等则是围绕"高分辨率对地观测系统"等国家科技重大专项实施进行专题服务；水产种质资源平台围绕大型水利工程实施，重点开展大型水利工程资源环境影响评估与修复专题服务，突出对生态环境保护支撑作用。平台强化科技对社会民生的支撑服务。利用国家人口健康科学数据共享平台资源，开展面向县、乡、村三级医疗专题服务，配合科技部扶贫办在井冈山、大别山、延安等地区推动农村医疗卫生科技服务网工作，将优质科技资源服务推送到基层，探索一条科技服务带动农村医疗水平提升，资源共享惠及民生福祉的新路。

科技基础条件平台组织开展国家平台信息资源质量整改工作，各平台资源信息核心元数据格式审查已全部合格，资源信息导航链接畅通率97%，相比整改前提高11%，有效提升平台资源质量水平。组织编写平台资源开放共享目录。内容包括中国科技资源共享网和23家国家科技基础条件平台资源类型、数量、服务方式等，进一步推动我国科技资源面向社会开放共享。

3.7 出台相应的评价制度和评价体系，实现平台标准化管理

3.7.1 制定科技基础条件平台认定标准与考核标准，规范平台管理与运行

2005年以来，我国启动实施了一批国家科技基础条件平台建设项目，随着部分科技平台已逐步进入运行服务阶段，各部门和地方也开展了各具特色的科技平台建设工作。科技平台建设和科技资源开放共享工作取得了积极成效，对科技、经济和社会发展的支撑作用日益显现。

为进一步加强对全国科技平台建设的指导，深化科技资源共享，推进科技平台运行服务，规范科技平台运行管理，科技部、财政部经研究决定开展国家科技基础条件平台认定和绩效考核工作。两部门根据国家科技平台"整合、共享、完善、提高"建设方针的精神要求，研究制定了《国家科技基础条件平台认定指标》和《国家科技基础条件平台运行服务绩效考核指标》。国家科技平台认定和绩效考核指标是完善国家科技平台体系，推动科技平台运行服务，引导科技平台健康发展的重要依据。

通过国家科技平台建设专项支持并通过开放共享评议的科技平台在资源整合、运行管理、开放共享、机制创新等方面取得了较大进展，已经比较成熟。考虑现有工作基础，两部门首先对23家符合认定要求的科技平台正式认定为国家科技平台。

今后，对于符合条件的部门、地方科技平台，也将陆续开展相关认定工作。通过认定的部门、地方科技平台也将纳入国家科技平台体系，并按照分层建设、分级管理的原则建设和管理。对于通过认定的国家科技平台，将定期组织进行绩效考核，并按照绩效考核结果对平台运行服务进行奖励补助，以推动对全国科技资源的优化配置和高效利用，促进国家科技平台服务于科技、经济和社会发展。

3.7.2 制定平台标准规范，提高平台科技资源质量

科技基础条件平台标准化是平台有效集成资源及开展共享服务的重要技术

手段，是促进平台有序、规范、高效运行的重要基础性技术措施，是固化平台管理经验的有效形式，是科技资源整合共享与服务的基础保障。按照"资源共享，制度先行"的原则，平台标准化工作在提高平台科技资源质量方面将发挥重要作用。

全国科技平台标准化技术委员会是由科技部筹建，经国家标准化管理委员会正式批准筹建的专业标准化技术委员会，主要负责国家科技基础条件平台建设、管理和服务等领域的标准化工作，秘书处设在国家科技基础条件平台中心。全国科技平台标准化技术委员会下设总体组、平台门户组、大型仪器设备组、自然科技资源组、科技文献组及科学数据组在内的 6 个标准制修订工作组。科技平台标准化技术委员会的重点工作是建立科学的平台标准体系，推动平台国家标准的制定、颁布，积极开展平台标准化工作的宣传与培训，建立专业的标准化队伍，着力提高平台标准化水平，促进科技基础条件平台建设与发展。

国家科技基础条件平台自 2005 年启动实施以来，平台标准化建设工作一直得到科技部、财政部的关注与支持，在平台专项建设的几年间，形成了关于科技资源收集、整理、保藏、数字化等技术规范 700 余项，覆盖了研究实验基地、大型仪器、自然科技资源、科学数据、科技文献、网络环境等各个领域，这些标准化规范在促进科技资源整合、共享与服务等方面发挥了重要的作用。建立有效的平台标准化工作机制，设立统一的平台标准化工作组织势在必行。

目前，《科技平台 资源核心元数据》《科技平台 服务核心元数据》《科技平台 元数据注册与管理》《科技平台 标准化指南》《科技平台 元数据标准化原则与方法》等 9 项国家标准正式发布并实施，《科技平台 通用术语》《科技平台 数据元设计与管理》《科技平台 服务元、核心元数据》《科技平台 标准符合性测试原则与方法》《科技平台 统一身份认证》5 项国家标准完成报批。这些标准规范已在科技平台建设、管理和服务工作中得到广泛应用，在规范科技资源收集、保藏、开发、共享、服务等方面发挥重要作用。

《科技平台 通用术语》（GB/Z 31075–2014）、《科技平台 一致性测试的原则与方法》（GB/T 31071–2014）、《科技平台 统一身份认证》（GB/T 31072–2014）、《科技平台 服务核心元数据》（GB/T 31073–2014）和《科技平台 数据元设计与管理》（GB/T 31074–2014）5 项国家标准批准发布，于 2015 年 6 月 1 日起正式颁布实施。这是继 2014 年 2 月份科技平台领域首批正式发布的 4 项国家标准之后，第二批正式发布的国家标准，是平台标准化建设过程中具有重要意义的标志性成果。标准的发布与应用实施将为我国科技平台标准化工作提供重要指导，有力促进科技资源的规范管理和开放共享。标准具有较强的实用性，已在科技平台资源管理和共享服务工作中得到试用，发挥了重要作用。

经过科技平台技术标准规范体系的建设，我国已经初步建立了科技平台标准体系框架，由科技平台基础标准、科技平台通用标准、科技平台专用标准构成。

科技平台基础标准内容指国家科技基础条件平台通用术语、元数据系列标准、平台资源目录体系与分类代码、平台元数据汇交接口规范、元数据查询检索接口规范等；通用标准内容包含平台建设技术规范、平台质量评估技术规范、平台建设质量评估指标体系、平台建设标准符合性测试技术规范、平台服务规范、资源信息库建设技术规范以及关于平台管理、平台运行绩效评估指标体系、绩效评估等技术规范和关键技术标准等；专用标准的内容包含自然科技资源共性描述规范、支撑平台门户规范、网络系统安全、身份认证、注册管理、访问控制等规范以及采集、整理、存储、理由与保护技术要求等标准。

自从 2011 年国家科技基础条件平台开展绩效考核与奖励补助以来，对各科技基础条件共享平台数据信息资源建设、质量管理、服务能力等的规范化管理工作不断加强，各共享平台资源服务能力稳步提升，数据信息服务效果显著增强。2014 年，地球系统科学数据、气象科学数据等 6 个科学数据共享平台数据共享服务量继续稳步增长，平台网站访问量超过 5000 万次，同比增长近 40%；科学数据和资源信息服务数量超过 160TB，同比增长超过 30%；服务国家重大科技专项、国家重大工程项目（课题）以及各级各类科技计划项目（课题）近3000 项，同比增长近 70%；支撑发表论文 3000 余篇，同比增长超过 10%；在科技创新和公共服务供给方面发挥了重要作用。科技文献类共享平台 2014 年网站访问量超过 1 亿人次，文献服务量超过 130 万篇，同比增长均超过 30%，对于科技创新和经济社会发展的支撑保障能力进一步增强。

各类科学数据共享平台也出台了相应的评价制度和评价体系。《地震科学数据共享项目评价制度细则》要求从资源建设、系统建设、运行管理、共享绩效与影响、发展前景 5 个方面对地震科学数据共享中心及分中心的数据共享项目进行评价，《教育部科技基础资源数据平台评估规则》中的评价指标主要包括资源建设、共享贡献、运行管理、发展前景 4 个方面，两者大致相同。国家人口与健康科学数据共享网也开展过自评估。其评估分为数据中心评估指标体系和数据集评估指标体系两部分，评估指标主要包括资源建设、标准建设和服务建设等。

《国家科技基础条件平台信息资源元数据：核心元数据》标准规定了国家科技基础条件平台门户所需的核心元数据、各元数据元素的语义定义和著录规则，以及国家科技基础条件平台门户信息资源的标识、内容、管理和维护等描述信息，适用于国家科技基础条件平台门户信息资源的编目、发布、共享以及相关的数据交换和网络查询服务等，对实现平台门户统一通畅的数据交汇、信息导航检索和资源利用，实现各领域平台数据的互联互通、信息共享、业务协同产生重要作用，是平台门户标准规范体系的重要组成部分。

2015 年 11 月 27 日，科技部办公厅印发了《科研设施与仪器国家网络管理平台管理单位数据报送规范（试行）》《科研设施与仪器管理单位在线服务平台建设运行管理规范（试行）》，相关规范的制定颁布，实现了我国科研设施与仪器管理单位在线服务平台建设、运行、管理和数据报送相关工作的规范和标准化。

3.8　加强科技平台政策法规建设，推动科技资源管理法规制定

随着我国改革开放的推进，在我国各级政府的重视和社会各界的努力下，我国科技基础条件资源建设工作取得了一定的进展，尤其是"十一五"以来，科技基础条件平台的共享程度和利用效率明显提高。目前，我国已经拥有了一批科技基础设施和基地，积累了一些重点领域的科学数据与文献，收集整理了一定数量的种质资源和标本，培养了一批从事科技基础条件工作的专业人员，科技基础条件具有了一定的实力。科技基础条件平台建设启动实施以来，以整合为主线、共享为核心、制度为保障，积极探索不同类型科技资源的管理利用模式和开放共享机制，制定了一些相关的科技政策和标准，在一些大型科学仪器、部分科学数据及科技文献资源等方面进行了共建共享的探索与试点工作，积累了一些建设和运行的经验，有效促进了科技资源的优化配置和高效利用，初步形成了跨部门、跨区域、多层次的资源整合与共享网络体系。

科技基础条件平台的建设适应了不断发展的科技资源管理与共享需求，切实推动了科技资源管理法规的制定工作。积极加强对科技资源共享立法研究工作的推进，组织有关力量对我国科技资源共享立法状况、国外先进经验做法等进行调研，提出了我国科技资源共享立法的宗旨、基本原则、立法模式，积极

推动我国科技资源共享立法列入科技立法规划。

从立法层面上看，2007 年修订的《科学技术进步法》从政府和科技资源管理单位的权利、义务和责任等多个方面，对科技资源建设和共享利用做出了明确规定。《促进科技成果转化法》《野生动物保护法》《种子法》《政府信息公开条例》等都涉及科技资源的管理与利用。2013 年，科技部、财政部发布《国家科技计划及专项资金后补助管理规定》，对国家科技基础条件平台资源共享服务后补助做出了明确规定。

2007 年修订的《科学技术进步法》制定了科技资源开放共享的有关条款，确保了科技资源开放共享工作有法可依。在科技部、财政部的指导下，国家科技基础条件平台中心认真贯彻落实《科学技术进步法》，积极加强政策法规的研究制定，推动新时期科技基础条件平台的内涵特征、形势需求、工作思路、原则目标、总体布局、重点建设任务。研究起草了《国家科技基础条件平台运行管理暂行部分》和《国家科技基础条件平台经费运行管理暂行办法》，确定了国家科技平台认定机制、定期考核机制和工作流程，明确了奖励补助制度，突出"以奖代补、鼓励服务"。为推动科技资源汇交和资源调查等制度建设，完成了《国家科技计划项目所形成科技资源汇交与共享鼓励细则》《国家科技基础条件资源数据共享使用管理规定》和《国家科技资源调查管理工作暂行办法》。

2014 年，发布的《国务院关于国家重大科研基础设施和大型科研仪器向社会开放的意见》对促进我国大型科研仪器设施等科技资源开放共享工作做出了明确部署。2015 年，《科研设施与仪器国家网络管理平台管理单位数据报送规范（试行）》《科研设施与仪器管理单位在线服务平台建设运行管理规范（试行）》两个管理规范的颁布，对我国科研设施与仪器向国家科技平台报送等进行了规范。

十八届三中全会对加强科技资源开放共享做出重要部署，强调国家重大科研基础设施依照规定应该开放的一律对社会开放。2014 年先后发布了关于国家科技报告制度建设的指导意见和推进大型科研仪器设施开放共享的指导意见。初步制定了《全国大型科学仪器分类标准》《国家自然科技资源平台资源分级归类与编码标准（试行）》《国家自然科技资源平台自然科技资源共性描述规范（试行）》等 300 余项标准，初步完成了科学数据共享指导标准、通用标准和专用标准等三大类标准。地方科技基础条件平台也不断加速立法。

从部门规章层面上看，各部门、各地方围绕科技基础条件平台建设和科技资源管理与利用，立足实际，也制定了促进科技资源共享的一系列政策法规、部门规章，如国土资源部制定了《公益性地质资料提供利用暂行办法》、农业部制定了《农作物种质资源管理办法》，中国气象局《气象资源共享管理部分》中明确规定"应当免费向从事气象工作的机构、事业单位开展的公益服务、非营利性科研和教育机构从事的非商业性活动提供所需的气象资料"。2010 年，山西省第十一届人大常委会二十次会议批准了太原市十二届人大常委会二十五次会议通过的《太原市科技资源共享开放条例》，明确规定"财政性投资形成的科技资源应当对外开放，实现共享"。加快推进山西省以大型科研设施与仪器为核心的科技资源（以下简称"科技资源"）向社会开放共享。为了提高科技资源的利用效率和共享水平，充分发挥科技资源对科技创新的服务和支撑作用，山西省人民政府于 2016 年 2 月份颁布了《关于大型科研设施与仪器等科技资源向社会开放共享的实施意见》，明确规定了"高等院校、科研院所和企业的各类重点实验室、工程实验室、工程（技术）研究中心、分析测试中心、中心实验室、野外科学观测研究站及大型科学设施中心等研究实验基地的大型科学装置、科学仪器中心、科学仪器服务单元和单台套价值在 20 万元及以上的科学仪器设备；财政资金资助建设或形成的科学数据、科技文献、自然科技资源、科技报告等科技基础条件平台与科技公共资源；财政资金和国有企业投资的各类平台及 20 万元以上的仪器设备资源"等符合条件的科技资源一律向社会开放。

4 我国部分地方科技基础条件平台建设与发展的主要经验与做法

我国科技基础条件平台自启动以来，一直以全面提高国家科技创新能力和增强国际竞争力作为其发展目标，以我国社会发展改革开放为动力，在科技基础条件平台的发展过程中把建设科技资源开放共享机制作为核心内容，以资源系统整合为主线，一贯坚持以人为本，遵循市场经济规律，充分运用现代信息技术和利用国际各种资源，结合我们国家实际情况，搭建具有公益性、基础性、战略性的科技基础条件平台。科技基础条件平台的运作有效改善了我国科技创新创业环境，增强了科学技术持续发展潜力，为国家科技长远发展与重点领域突破，提供强了有力的基础支撑。

目前，在国家层面上，我国由政府主导建设的国家科技基础条件平台分为六大类，包括研究实验基地和大型科学仪器设备、自然科技资源、科学数据、科技文献、成果转化公共服务、网络科技环境，已经开始提供科技资源共享方面的服务；在地方层面上，已经建成了一批具有自身特色科技平台，涉及31个省、自治区、直辖市和地区等，有效支撑了地方科技和经济发展。目前我国科技基础条件平台的资源共享公共服务仍然是采取以政府主导为主，市场机制逐步渗透进入，部分企业、联盟和行业协会积极参与，提供科技资源共享公共服务的模式。

在国家政策合理引导和国家科技基础条件平台建设的带动下，一些具有地方特色的科技基础条件平台陆续建成并快速发展起来。经过这么多年的建设与运行，我国地方科技基础条件平台取得了可喜的发展局面。尤其是最近几年，地方科技平台建设与同期国家和地方政府社会经济发展需求紧密结合，得到各级政府的大力支持，地方科技基础条件平台建设工作呈现出全面发展态势，也涌现出了一批典型科技基础条件平台模式。经过多年的建设与探索，我国涌现出具有较大影响力的科技基础条件平台品牌，凝练出相对成熟并具有鲜明地方特色的平台运行工作模式。

国家在制定"十三五"规划、《"十三五"国家科技创新规划》和科技体制改革文件中，将科技基础条件平台建设作为科技工作发展的重点任务。地方科技基础条件平台建设的发展已经由最初的经济发达地区，如北京、上海、浙江等地区，进一步拓展到经济欠发达的东北和中西部地区，如黑龙江科技创新创业共享服务平台。黑龙江科技创新创业共享服务平台在广泛借鉴其他省市经验基础上，开创了符合本省资源特色和社会发展需求特点的平台建设，三年内实现了平台建设的三个跨越发展，有力支撑了黑龙江省地方经济社会发展。我国地方科技基础条件平台在原有联盟型或实体型平台的基础上，涌现出一些更加注重产学研结合、实体化运作更高的新的组织形式，如广东、浙江、河北等地建设了产业研究院或工业技术研究院。

首都科技条件平台通过创新机制，运用联盟化方式、平台与孵化器结合、技术引领资源等多种模式提高其科技基础条件平台科技资源利用率；上海研发公共服务平台采用科学数据共享、科技文献服务、仪器设施共用等十大系统，对外单位和民众提供科技资源共享服务；湖北省大型科学仪器资源协作共用平台通过整合仪器信息，向社会公众提供共享服务。整体来看，我国的科技资源整合与共享服务已经初具雏形，共享服务氛围逐渐形成。

我国部分省市根据自身特点和经济社会发展需求，分别建设适合各自区域特点和发展要求的科技基础条件平台。我国地方科技基础条件平台建设，整合了原本分散的地方科技资源，成为各省市地方科技创新的基础支撑和国家科技平台的有益补充。我国地方科技基础条件平台取得的一些成功经验与主要做法如下。

4.1 重视并强化顶层设计，优化平台布局，统筹规划平台建设

在科学技术飞速发展的新时期，以"数据密集型科学研究"为显著特征的科研"第四范式"，已逐渐成为科技发现最重要的手段之一，创新性的科研成果依赖于对科学数据的全面收集和准确利用。科学数据资源的占有、配置、开发与利用，成为决定国家科技创新能力的关键。

《2004—2010 国家科技基础条件平台建设纲要》（以下简称《纲要》）的颁布，为地方省市确定了科技基础条件平台建设的总体蓝图，明确了科技平台建设的指导思想和建设原则。各省市地方科技基础条件平台严格贯彻落实《纲要》的指示精神，结合本地的实际情况，在全省（市）层面强化平台顶层设计，进行平台建设与发展的统筹规划，制定出适合本省科技基础条件平台实施方案和科技基础条件平台中子平台的管理办法。本着科技基础条件平台"整合资源、开放服务"的宗旨，一些省市政府结合自身特色和社会经济发展需求，通过顶层设计全省（市）科技基础条件平台构架。在科技基础条件平台的建设过程中，政府注重加强各部门的组织协调工作，建立科技基础条件平台发展指导的协调机制。

地方科技基础条件平台积极推动科技平台建设和科技资源开放工作。在建设地方科技基础条件平台的过程中，充分调查研究，开展科技基础条件资源调查，因地制宜，规划科技基础条件平台的总体布局和顶层设计。科技基础条件平台的建设不能完全照搬国外或其他省市科技基础条件平台的成功经验或模式，只能在充分调研本地实际情况之下，在进行分析比较的基础上，立足本省或市地方区域经济和产业发展的实际需求，制定适合本省、市科技创新发展的科技平台建设规划，选择优势领域和优势产业重点发展。

地方科技平台采取上下联动的方法，侧重于从省、市、区、县服务体系上统筹规划科技基础条件平台建设，整体优化平台布局，重点搭建覆盖整个省市区域的科技基础服务体系，形成了较为完善的地方科技基础条件平台。合理构建科技基础条件平台，推动科技平台建设及对外开放服务，有效促进了科技资源的高效利用和开放共享平台，科技基础条件平台将适应科技发展的新常态、

新要求，以推动科技资源高效管理和开放共享为主线，着力做好科技基础设施条件面向社会开放，着力做好平台绩效考核与运行服务，为科技创新和经济社会发展提供有力支撑。

首都科技条件平台、安徽科技基础条件平台的科技路路通工程、黑龙江的科技创新创业共享服务平台，都是强化省级层面顶层设计，优化本省科技基础条件平台格局，建设科技平台。这些省市的科技基础条件平台，在各自科技平台构架的大框架之下，有机融合了技术创新服务平台和专业技术服务平台各自的功能，结合其他领域平台功能，推动科技基础创新服务平台建设。

4.2 采取多种形式资源共享合作机制，构建科技基础设施条件服务联盟体系

习近平总书记曾强调，要从健全国家创新体系、提高全社会创新能力的高度，通过深化改革和制度创新，把公共财政投资形成的国家重大科研基础设施和大型科研仪器向社会开放，让它们更好地为科技创新服务、为社会服务。科技基础条件是突破世界科学前沿和国际重大科技问题的技术基础，为加快推进科技基础设施条件资源向社会开放，部分地方科技平台采取省市内的多级联动、省市际的数据共享联盟的建设与运作模式，推动科技基础设施条件资源面向全社会共享服务，取得了积极成效。

广东省整合具有自身特色的科技优势资源，作为整体加入国家科技资源共享网，将广东省科技基础平台和国家科技基础条件平台对接，让广东省内更多的科技资源的单位或部门加盟到国家科技资源共享网，为广东省科技人员和社会公众提供更多的科技资源信息服务。按照"统一部署、突出重点、整合资源、开放共享、市场导向、创新体制、政府主导、多方联动"的原则，广东省通过省市共建、科研机构联合共建、科研机构与高校共建等多种建设模式，充分整合各类科技资源，重点建设实验室体系共享平台、自然科技资源共享平台、大型仪器及检测公共服务平台、科技文献共享平台、科学数据共享平台、科技信息服务平台等子平台。

逐步完善形成省市县上下联动的科技基础平台工作体系。黑龙江省在科技创新创业共享服务平台建设过程中，依托基层科技部门建设上下联动的 13 个地市工作服务子平台和 47 个县区共享服务推送站，初步形成了覆盖黑龙江全境的省市县联动的组织工作体系，保障了科技资源共享服务的顺利向基层推广延伸。安徽的科技路路通也是按照省市县区域的构架进行建设，构建了由总中心、分

中心和创新服务站组成的三级构架体系，每一层机构职责明确、分工不同，协同工作，形成了独具特色的立体化、网络化、一体化的区域创新平台。首都科技平台以"整合科技资源，集聚研发要素、促进成果转化，推广产业形成，服务企业需求，促进社会发展"为宗旨，通过联合首都高等院校和大型企业，共同建设开发研发实验服务基地的形式，促进科技资源大户可开放的科技资源整体进入首都科技条件平台工作体系，共同推动首都科技资源向全社会开放共享。在合作中，明确各自的权利和义务，从执行层面解决科技资源开放共享的法律保障。

黑龙江省科技创新创业共享平台，虽然仅有短短几年的发展史，却创出了将科技资源集聚与共享服务同步推进的特色"龙江平台模式"，广受大家认可和赞誉。黑龙江科技共享平台下设13个地市科技资源子平台，47个县区推送站点，实现了在黑龙江区域内全覆盖的科技服务网络，这种全覆盖的区域科技共享网络走在全国前列。黑龙江科技共享平台可以为创新创业者，提供科研大型仪器共享、检测检验服务、技术转移、创业孵化、知识产权、科技咨询、科技金融等全方位一站式科技服务。黑龙江省科技创新创业共享平台，在推动科技资源共享服务方面取得了突出成效，夯实了良好的工作基础和条件，对地方经济发展起到了重要的科技支撑作用，获得了比较好的口碑，积极推动国家科技平台与地方需求对接，为国家科技资源服务于当地经济、社会发展提供支撑和条件。

大型科学仪器是突破科学前沿和重大科技问题的技术基础。一边是拥有大型科学仪器和科研设施的单位，由于偶尔使用这些仪器或设施，常常将其束之高阁、"深藏闺中"，偶尔用来参观展示；一边是做科学研究或生产急需使用这些仪器或设施的单位或研究者，却由于缺乏资金，无力购买，望洋兴叹，无法开展各项工作。动辄数十万元乃至数百万元的大型科学仪器，常被冷落在一些实验室内"深闺待嫁"，但面对企业创新一线需求却频频缺阵。在科技资源配置分散、封闭、重复建设等带来的问题中，大型科学仪器的闲置浪费现象最为突出。为加快推进大型科学仪器设备资源向社会开放，河北省成立了大型科学仪器资源共享联盟，推动大型科学仪器和设施面向社会共享服务，取得积极成效。河北出入境检验检疫局、省质量技术监督局、省疾病预防控制中心等21家单位组建的河北省大型科学仪器资源共享服务联盟运行三年来，吸引加盟单位399家，开展加盟服务。石家庄、唐山等市建立了大型仪器设备共享子平台，在秦皇岛、衡水2个服务站点，设立专业服务中心41个，服务范围涵盖了全省十一个地市，服务领域覆盖了生物医药、化工环保、轻工食品、农业、能源、新材料、机械冶金等行业领域。

在开展省市内的多级联动科技资源工作机制的同时，省市际的数据共享也发展了起来。北京、天津、河北、山东、山西和内蒙古成立了环渤海区域协作网，为促进京津冀地区际的资源共享提供了条件。同时，出台了《环渤海区域仪器共享考核管理办法》《环渤海区域大型仪器共享激励专项资金管理办法》《环渤海区域大型仪器协作共用网运行管理办法》《环渤海区域大型仪器设备共享信息平台解决方案》《环渤海区域大型仪器共享管理实施细则》等管理规定，为京津冀三地的科技资源共享创造了条件。

上海与浙江、江苏、安徽三省共建的长三角区域大型科学仪器设备和文献共享平台，在科技部的指导帮助和协调下，长三角两省一市以及安徽省按照"破除壁垒、降低门槛、资源共享、开放共建"的要求，联合开展区域科技发展战略研究，推进科技资源共享，组织实施科技联合攻关，推动长三角科技合作不断走向深入。由上海牵头，江苏、浙江、安徽三省的相关管理部门密切配合、协同推进，三省一市共享管理部门在组织机制设计和投入机制等各个方面进行了探索。它整合了三省一市现有的仪器和科技文献资源，建立了统一的数据标准和接口，通过综合集成，向科技型中小企业、科研院所、高校的科研人员，提供文献跨库检索下载、原文传递、特色数据库检索、馆藏目录数据库检索、服务咨询等全方位、跨区域的文献服务。浙江的科技型中小企业、科研院所、高校科研人员，可以随意检索上海、江苏、安徽的科技文献资源。

截至 2016 年 6 月底，"长三角大仪网"已集聚区域内的 1489 家单位的 21 245 台（套）大型科学仪器设施，总价值超过 218.05 亿元人民币，其中价值在 50 万元以上的仪器设施达 13 068 台（套）。2016 年年初，上海市科委还推荐上海牵翼网与贵州省信息技术创新服务中心共建了"贵州·牵翼检测服务中心"，探索科技服务市场化模式，通过双方合作，力争成为跨区域大型仪器共享平台合作交流的典范。

黑龙江省科技资源共享服务，目前已经突破省内资源共享格局，联合吉林省、辽宁省、内蒙古自治区进行跨区域的资源共享合作：以四省（区）科技资源共享平台为载体，构建四省（区）科技创新创业共享服务平台和科技创新服务联盟；提升为四省（区）中小企业及科研机构的创新服务能力；为四省（区）科技长远发展与重点突破提供服务支撑。共享服务平台还利用中俄科技合作信息网，展示中俄科技合作相关信息，包括科研机构、项目推介、文化教育、经贸信息、涉外法规等信息，为技术需求方提供中俄合作研究、技术孵化、法律法规、贸易政策、科技合作和技术转让等方面的咨询和服务。

4.3 拓展平台基础条件保障支撑体系的内涵，强化平台服务社会功能

国家科技基础条件平台作为国家创新体系的重要组成部分，是全社会科技进步与创新的基础支撑条件，是国家创新能力建设的基本途径。基础性、公共性和服务性是科技平台的基本特征，科技基础条件平台主要是为全社会的创新创业提供科技基础保障和条件支撑，强化满足科技创新需求的科技资源社会共享和公共技术服务供给，面向大众、服务社会，提高科技资源的共享率，充分凸现科技平台面向社会服务功能。一些地方平台，扩大了平台基础条件保障支撑体系的内涵，在按照国家科技基础条件平台的主要领域开展其平台的建设外，将具有服务能力的基地或机构统统纳入平台建设之中。平台建设将工程中心以及其他中介服务机构的工作，也纳入了地方科技基础条件平台的建设范围，加大了科技平台公共研发和服务的功能，使科技平台服务的范围更加宽泛了，扩展了科技平台对外开放服务的属性。

山西科技综合管理服务平台（系统）包括山西科技资源开放共享管理服务平台、山西科技计划管理信息平台、山西科技成果转化和知识产权交易管理服务平台、山西科技报告服务平台、山西高新技术企业管理服务平台五大系统。江苏提出了科技条件平台包括公共研发平台、企业创新平台、公共服务平台三大体系。天津提出了科技平台分为网络资源平台、实体资源平台、公共研发服务平台、技术成果转化平台四大类型，同时将重点实验室、工程实验室、工程技术研究中心、科技企业孵化器、高新园区、生产力促进中心等全部纳入并归类到了科技平台类型之中。

浙江省的行业科技创新平台、区域科技创新平台，辽宁省特色产业基地科技公共服务平台，广东省的科技创新平台，这些区域的创新平台建设工作大多与原有重点实验室、工程中心等创新基地以及生产力促进中心、孵化器等中介机构不同，他们是在重点实验室、工程中心、生产力促进中心等载体联合的基础上开展建设，而不是上述载体的翻版，这些行业或区域创新平台都具有技术创新服务平台的特征和雏形。

4.4 与基层科技工作紧密结合，探索科技条件平台建设和运行模式

全国各省市积极开展了科技基础条件平台建设，在建设科技基础条件平台时，积极探索与当地科技工作紧密结合，将平台建设对接各级科技企业需求，扩大平台辐射范围的载体。各地科技基础条件平台，为企业和高等院校、科研院所等单位提供科技服务，通过科技服务支持并提高了企业自主创新能力，为地方社会带来了显著经济效益。地方科技基础条件平台建设与区域创新体系建设以及区域经济社会发展结合日趋紧密，支撑创新发展的作用日益显现，科技基础条件平台已经成为地方科技工作的重点。

在国家科技基础条件平台建设的指导下，地方科技基础条件平台按照国家平台的建设指导思想，在做好与国家科技基础条件平台建设有机衔接的同时，充分结合各省的区域特色建设自己的科技基础条件平台，在科技基础条件平台建设的同时，与基层科技工作紧密结合，面向企业需求，开展行业或区域创新的科技基础条件平台。如浙江省的行业科技创新平台、区域科技创新平台，辽宁省特色产业基地科技公共服务平台，这些平台大多依托一个或多个资源优势单位建设平台。浙江省明确提出多单位联合共建科技基础条件平台，在整合资源的基础上，强调面向企业开展公共技术服务。

政策制度的配套也是科技基础条件平台建设运行的必要保障，为了保障科技基础条件平台的平稳发展，地方科技基础条件平台制定出相应的配套制度政策。在统筹规划平台建设的同时，加强科技资源开放的各种工作机制和利益分配机制的建立，为促使政府"拿出"数据，采取的手段有：立法支持、政策指令、激励与评估机制等。科技平台采取政府支持与市场相结合的方式，探索形成了统筹、协同、高效的平台管理体制和运行机制。

上海研发公共服务平台实行的市区联动机制、资源加盟机制、政府购买机制等运作的新机制，充分调动参与平台服务各方的积极性。在国内立法不成熟的情况下，北京、上海采用政策指令辅以配套工作机制的方式，通过直接激励、间接激励、评估后奖惩并行的做法保障开放科技资源。在承接企业委托研发实验服务业务时，对收取的成本费用按照一定的比例进行各利益群体分配，其中包括服务费、实验所用耗材费、实验人员费、水电及其管理费等，调动各方积极性，实现各相关利益群体共赢。例如，北京大学研发实验服务基地建设制定了《北京大学研发实验服务基地内部奖励及利益分配办法》，明确规定了绩效考评主要包括开放资源总量、测试服务总量、深度研发实验服务、管理与运行、

相关资格证认证等指标。

北京地方科技平台积极探索平台的工作建设和运行模式,在研发实验服务基地不改变仪器设备所有权的基础上,引入体系内、独立法人、公司化运作的专业服务机构,作为研发实验服务基地的核心运营载体,开展科技资源的市场化运营与服务,科技资源的所有权和经营权分离有效解决了科技资源利用效率问题。高校院所和企业集团在不改变现有科技体制的框架结构下,对内部开放科技资源的管理和运营机制进行改革,采取资产所有权和经营权分离的手段,实现开放资源的最大化利用。开放资源的所有权和日常管理工作仍然在高校院所和各企业集团,高校和企业集团机构授权第三方专业服务机构,该服务机构具有自己独立的法人资格,采取公司化运作方式,实现科技资源开放共享功能。作为研发实验服务基地的核心运营载体的专业服务机构,一手托资源,一手托市场,发挥连接社会需求与科技资源服务的纽带作用,实现科技资源的市场化运营服务。首都科技条件平台统筹北京地区的科技资源,推动科技资源的开放共享,支撑北京科技创新中心建设。首都平台以仪器设备开放共享为切入点,整合北京地区各类国家级、市级重点实验室、工程中心的科技资源,为京津冀的科技创新服务;首都平台在体制机制上探索仪器设备的所有权和经营权分离,推动仪器设备对外开放共享服务;首都平台以"首都科技创新券"实施为抓手,利用首都的科技资源为小微企业和创业团队的创新创业提供服务。

4.5 整合聚集优势资源,建立引导激励和约束机制,提升科技资源使用率

建立合理的组织结构和高效的管理体制,形成以绩效评价为基础的可持续支持机制,有利于平台的开放、共享和形成长效运行机制。2015年1月,国务院正式颁布《关于国家重大科研基础设施和大型科研仪器向社会开放的意见》。该意见明确提出,为加快推进科研设施与仪器向社会开放,进一步提高科技资源利用效率,要建立引导科研设施与仪器开放共享的激励和约束机制。

地方科技基础条件平台采取双管齐下的办法,促进科技基础设施条件的开放共享。一方面出台相应的办法措施,建立科技基础条件平台开放共享的评价制度和开放共享后补助机制,对服务效果好、用户评价高的使用管理单位给予表彰和进行经费后补助措施;鼓励支持企业和社会力量以多种方式和形式参与共建科技基础设施条件平台建设,提高科技基础条件的利用率,降低开发新产品和新技术的研发成本。另一方面,对不按国家相关规定公开开放科技基础资

源和科技资源信息以及科技资源开放效果差、使用效率低的管理单位，建立投诉渠道，采取网上通报、停止科研基础设施管理单位新购、申报项目时，不准购置相关仪器设备等各种方式予以约束。

山西省积极构建了山西科技综合管理服务平台（系统），该平台包括六大系统内容：山西科技资源开放共享管理服务平台、山西科技计划管理信息平台、山西科技成果转化和知识产权交易管理服务平台、山西科技报告服务平台、山西高新技术企业管理服务平台六大系统。山西科技资源开放共享管理服务平台（大型科研设施与仪器），集中展示山西省大型科学装置、科学仪器、科学仪器服务单元和单台套价值在 20 万及以上的科学仪器设备的基本开放信息，支持科研人员多维度检索，并通过服务数据的采集分析、可视化展示等多种方式支撑相关部门对科研设施与仪器开放服务进行全方位的管理、监督及考核，充分满足不同类型用户的使用需求。制定科技资源面向社会开放共享的实施意见及其配套管理办法，通过一系列措施积极推进科技资源开放共享，为山西省实施创新驱动发展战略提供有效支撑。2016 年 1 月，山西省政府出台实施了《关于大型科研设施与仪器等科技资源向社会开放共享的实施意见》，提出力争用三年时间，建成覆盖各类科技资源、统一规范、功能强大、全省统一开放的专业化、网络化管理服务体系和开放共享制度，实现山西省各类科技资源有效配置、科学化管理、高效服务、监督、评价全链条有机衔接，基本解决科技资源分散、重复、封闭、低效的问题，资源利用率得到进一步提高，促进科技资源开放共享，科技资源专业化服务能力得到显著增强，对山西省科技创新的服务和支撑作用大幅度提升。加快推进大型科研设施与仪器等科技资源向高校、科研院所、科技型中小企业、社会研发组织等社会用户开放，实现资源共享，避免部门分割、单位独占，充分释放服务潜能，为全省经济社会发展提供有力支撑。明确共享范围、阶段任务、各方职责；制定科研设备和仪器共享激励引导机制，完善科研设备和仪器共享评价体系和奖惩办法，积极会同有关部门建立科研设备和仪器共享的后补助机制。

在完善奖补政策的同时，地方科技平台结合本省的实际情况，建立健全科技基础设施条件的开放共享制度、标准和工作机制，对拥有科技基础条件管理单位的科技资源开放共享情况进行考核评价，提高入网科技数据的共享率，解决科技基础设施分散、重复、封闭、低效的问题。贵州省通过大型科学仪器开放共享体系建设，与国家平台和西南片区平台对接，开展了仪器共享后补助工作，促进了贵州医药产业、电子信息业、装备制造业等重点产业，中小企业科技创新以及第三方检测等科技服务业的发展。

云南省科技厅还通过"以奖代补"、单向补贴入网仪器单位、中小企业使用入网仪器设备收费优惠等多种方式，对积极面向企业开展分析检测服务的机构和做分析检测较多的企业进行奖补，以调动仪器入网和企业使用入网仪器设备的积极性。目前，云南省已有 58 家分析检测机构开展分析检测服务业务，其领域覆盖了地质矿产、生命科学、珠宝首饰、建筑工程、机械工程、电子与测量、农产品与食品等 24 个领域。

为让更多的科技型企业使用共享仪器，湖北省科技厅明确提出，在 2016年申报的科技计划中，严格控制项目预算中的仪器设备购置费用，原则上对省内已具备仪器共享条件的大型仪器不得作购置预算。用各种制度"倒逼"企事业单位使用共享仪器，避免重复购置，节约科研经费。南京市科委制定进一步推进南京市开放实验室和大型科学仪器设备资源共享服务的实施细则，鼓励高校和科研院所实验室、第三方专业测试服务机构、公共技术服务平台等拿出更多资源向南京的企业及社会开放，同时鼓励更多的科技型中小企业使用大型仪器设备资源，开展创新活动，降低创业成本。

4.6 平台建设由"资源集聚"向"需求导向"转变，提供全方位、多层次的科学数据共享服务

科技创新是提高社会生产力和综合国力的战略支撑，必须摆在国家发展全局的核心位置。平台建设的根本出发点和落脚点是实现全社会科技资源共享，减少资源浪费，提高资源利用效率和水平。建立和完善科技资源共建共享机制是平台建设的核心任务。基础性、公共性和服务性是平台的基本特征，科技平台主要是为全社会的创新创业提供科技基础保障和条件支撑，强化满足科技创新需求的科技资源社会共享和公共技术服务供给，为此，科技平台必须充分凸现面向社会服务功能，实现多方共建共享、积极探索，逐步引入社会化管理的运行机制。采用社会化管理的思路设计、建设和管理平台，是推进平台建设、发挥平台功效的机制保障，推动科技资源共享能为全社会科技创新提供重要支撑。

一些地方科技基础条件平台积极促使科技资源开放共享服务由"资源集聚"向"需求导向"转变，通过需求导向"倒逼"平台建设与管理改革。"资源集聚"向"需求导向"转变的核心就是实现科技资源管理的市场化，包括市场化的信

息资源需求导向、市场化的平台服务形式、市场化的平台管理手段及市场化的人才队伍建设。"资源集聚"向"需求导向"转变，不仅要贯穿于平台建设与管理服务的全过程，更要契合到企业研发创新的全过程，让科技基础条件平台真正为促进科技成果转移转化、提升企业创新能力和竞争力提供支撑，成为平台建设支撑国家全面创新改革有力的科技基础保障。

地方科技基础条件平台建设不能一蹴而就，不能照搬国内或国外科技基础条件平台经验，应立足地方产业、社会经济发展实际需求，制定适合本区域科技发展的科技基础条件平台建设规划，选择优势领域重点发展，面向大众、服务社会，提高科技资源的共享率。科技基础条件平台服务功能和作用的发挥，必须充分依托社会各专业科技服务机构参与，必须充分利用科技平台的"导航"和"窗口"作用，整合全省（市）的科技资源和科技力量，广泛吸纳各专业技术服务机构（包括科研单位、重点实验室、工程中心等）和专业技术人员加盟平台的建设与服务，分行业、专业、地域，建立和健全基于平台的科技公共服务网点。

以信息化项目为切入点圈定公共信息资源开放范围。国家农业科学数据共享中心新版网站正式上线试运行，网站设立了数据、需求、服务、动态和会员中心等栏目。新版网站为了突出服务性、科学性和公益性的特点，提供了基于元数据的农业科学数据发布与共享功能，可以更好地完成数据发现、数据导航、数据浏览、数据检索和数据下载服务，并且针对农业科学数据共享的特点，可以提供在线服务发现的功能。新版网站增加了资源展示、服务提供、学术热点等栏目，体现了国家农业科学数据共享中心服务于农业生产，支撑科技创新的功能。

为实现以市场为导向配置创新资源，促进科技资源的高效利用，黑龙江省科技创新创业共享服务平台启动了二期建设，平台集成了黑龙江省海量科技服务资源。贵州省科技厅构建了"科淘"在线平台，通过整合政府、中介和全社会科技服务资源，将各种科技服务资源放在贵州科技资源服务平台上以商品形式开放服务，为全省中小企业提供全方面、一站式的科技资源服务。将各种科技服务资源放在贵州科技研发、检验检测、技术转移、创业孵化、知识产权、科技咨询、科技金融、科学普及等方面，各种行业监测、"租用"大型仪器等科技服务都可加入购物车在线预约，为全省、为企业、为个人科技创新创业活动提供全方位的科技资源共享服务。"科淘"将采用O2O服务模式，即线上对接与线下服务相结合，可完成科技信息服务、科技金融服务、知识产权服务、仪器设备服务、检验检测服务、创新创业服务、中介咨询、法律服务、财税服务、人才及培训服务 10 大类科技服务的在线对接。通过"科淘",供需双方可以免费发布科技服务与需求信息,对各类服务进行比较、选择、评价、咨询以及在线业务委托等,实现科技服务的电子商务化。

5 我国科技基础条件平台未来发展

2016 年 10 月 16 日,国家主席习近平在金砖国家领导人第八次会晤时,在讲话中特别强调,要共同建设开放世界,要构建开放型经济,反对各种形式的保护主义,以推进经贸大市场、金融大流通、基础设施大联通、人文大交流为抓手,走向国际开放合作最前沿。2016 年 5 月,中共中央、国务院印发的《国家创新驱动发展战略纲要》从创新驱动发展的系列部署和要求进行了顶层设计和系统谋划,将创新发展理念落实到了具体的行动之中。《"十三五"国家科技创新规划》中提出了要统筹科研基地、科技资源共享服务平台和科研条件保障能力建设,对现有国家科研基地平台的发展方向和目标提出了具体要求,要强化科技资源开放共享与服务平台建设。

在科学技术飞速发展的新时期,以"数据密集型科学研究"为显著特征的科研"第四范式"已逐渐成为科技发现最重要手段之一,创新性的科研成果依赖于对科学数据的全面收集和准确利用。科学数据资源的占有、配置、开发与利用成为决定国家科技创新能力的关键。知识资源的占有、配置、创造和利用方式的优劣,成为决定一个国家科技竞争力和创新能力强弱的关键因素;科技资源是科技创新活动的基础,一个国家创新能力和综合竞争力的强弱,在很大程度上取决于科技资源的数量、质量、管理水平,以及科技资源的开发和利用能力。在大数据时代,世界科技发展已经进入快速发展态势,科技基础性支撑和引领社会经济发展的作用日益凸显出来。尤其是在信息网络高度发达的科技创新环境之下,现代科技创新和创业发展越来越取决于科技基础设施,越来越依靠海量科学数据等科技资源的开发和利用。加强和建设科技基础条件平台,促进科技资源优化配置、开放共享以及高效利用,提高国家科技创新的基础能力,成为世界西方发达国家的重要战略。

党的十八大报告明确提出"科技创新是提高社会生产力和综合国力的战略支撑,必须摆在国家发展全局的核心位置",强调要促进创新资源高效配置和综合集成。国家科技创新大会、国务院《关于深化科技体制改革,加快国家创新体系建设的意见》，提出要强化科技资源开放共享，推动科技基础条件平台、产业技术创新服务平台、区域公共科技平台的建设。推动科技资源开放共享是促进科技资源高效利用的客观需要，推动科技资源共享能力为全社会科技创新提供重要支撑，是落实创新驱动发展战略的重要举措。

依靠高投入和资源高消耗的不可持续的经济增长方式已经根本无法适应社会的发展，加快转变经济发展方式、加快经济结构转变、推动产业技术创新升级、促进科技与经济发展紧密结合势在必行。国家经济社会发展越来越需要发挥科技的基础支撑引领作用，更加需要发挥科技基础条件平台的支撑服务作用。

5.1 围绕提高科技平台资源的质量开展工作

在大数据时代，科技资源共享工作应着力解决数据存储、数据采集、数据利用等面临的问题和挑战，更好地为解决科技创新和经济社会发展问题发挥作用。我国科技基础条件平台更加重视资源的持续积累，更加重视资源的整合汇集，向全面加强科技资源由产生到利用的全链条管理转变。

科技资源的质量直接影响资源开放共享的作用和效果。在重视科技资源建设中，加强科技资源共享质量的管理更为重要。必须采取制定科技资源质量管理法律法规、制定国家和行业标准等手段加强对科技基础条件资源质量管理。

科技平台标准化是促进平台有序、规范、高效运行的重要技术措施，是科技资源整合共享与服务的基础保障。加强科技平台标准化工作顶层设计，逐步细化和完善科技平台标准体系以及与之配套的组织管理体系，建立完善科技平台标准化体系，规范平台标识与资源标识，建立健全符合科技平台资源特点的质量控制体系和准入制度。围绕科技平台资源整合共享等需求，制定部门和地方科技平台技术标准，加强对已发布标准的宣传和培训，注重标准在科技平台建设和运行服务中的应用实施。

加强科技资源调查工作，完善科技资源信息管理系统，及时公布资源的分布、使用情况，加强调查科技资源工作保障体系建设，建立科技资源可持续发展长效机制。拓展科技资源调查成果利用的深度和广度，发挥科技资源调查结果对科技平台建设、科技资源优化配置与开放共享对科技管理决策的支撑作用。

完善科技平台运行服务绩效考核指标，重点考核提供公共服务的质量和数量，鼓励优质服务，定期考核考评评估制度，实施以目标和绩效为导向的动态评估和动态调整机制。健全用户评价监督机制，完善平台服务登记、跟踪、反馈制度。建立数据持续集成、共享质量控制和安全运行为一体的管理与技术体系，形成了一站式的共享服务网络。用更科学、更合理的评估手段引导各参加单位的积极性，为科技平台更好地服务社会经济发展和科技创新提供更大的支撑。

5.2 开展互利共赢的各种合作方式

科技数据开放共享支持国际合作，其最大的好处来自于与其他学科、地域、文化和经济系统之间的交流效应。国际科技合作是我国国际交流的重要内容，瞄准国际科技资源共享发展的前沿，加强国际科技资源开放共享的合作与交流，开展与发达国家和新兴产业化国家的双边和多边合作，积极参与国际资源共享活动，借鉴国外先进经验和做法，推动我国大型科学仪器基础研究设施、科技数据等国际工作合作，有效提高我国科技工作共享的国际影响力，在推动我国科技资源开放共享的同时，利用国外先进的科技资源，为我国科技创新创业能力建设服务，促进我国同其他国家和国际组织间开展科研交流，提升我国科技资源管理水平。

自 2003 年起，我国正式启动科技基础条件平台建设。在其实施方案中明确指出，国际合作是平台建设的重要内容。国际合作主要挑战性问题是如何在国家层面上建立一个高层次的、全方位的合作框架，并在此基础上建立一个以多赢为动力的可持续、长期合作的有效机制。我国科技基础条件平台建设在国家层面上的国际合作战略应把双边合作战略、大国合作战略、周边国家合作战略、第三世界合作战略等作为科技基础条件平台开展互利共赢的合作方式。

科技基础条件平台要开展政府之间的科技合作。完善政府间科技合作机制，落实双多边科技合作协定及涵盖科技合作的各类协议。分类部署与大国、周边国家、其他发达和发展中国家、国际组织和多边机制的科技合作。要加强国际科技合作基地联盟建设，加强科技基础平台开展联合研究。优化合作科技基础条件平台的集群建设发展。建立以国际科技与创新合作成果为导向的国际科技合作基地评估动态调整和重点资助机制。

地方科技平台采取省市际的科技基础资源服务联盟建设与运作方式。利用互利共赢的合作方式和渠道，加强科技平台省际合作与交流，进一步加强与发达周边省市科技资源的双边和多边合作，积极参与国家资源共享活动。充分利用国家和全球科技资源，推进与其他省市和发达国家科技资源管理机构和组织的交流与合作，借鉴他们成功的科技资源共享政策、措施、模式，加快地方科技资源开放共享管理的规范与完善。

5.3　加强科技资源共享机制建设，开展激励措施促进科技基础条件平台开发共享

通过借鉴发达国家科技平台管理政策方面的经验，推动国家、行业部门、科研单位多个层面科技资源管理和共享服务政策法规体系。对于公共财政支持产生的科学数据应明确提出对科学数据的管理、汇交、开放和共享服务应承担的责任和义务，并结合科研项目管理进一步加强科学数据采集生产、加工保存和开放共享。按照学科领域特点，分级分类建立科学数据公开与保密机制，在保障国家公共安全的前提下，充分保护科研人员在科学数据公开发表、交流合作过程中的合法权益，促进科学数据的开放共享和充分流动。

在国家层面，国家科技基础条件平台中心根据资源的类型及特点，加强对不同资源类型平台的分类指导，完善评价指标与管理措施，推进资源的分级管理，推进政策层面、平台技术层面、单位组织架构的优化改进。

在地方层面，地方科技基础条件平台建立稳定支持机制，从前期的立项、运行、维护阶段到平台运行服务奖励补助经费模式，运行方式及管理模式都有相关的工作机制。及时做好平台数据资源更新，提高共享数据服务数量和质量，提升服务水平，为经济社会发展做好服务。

发展激励措施并提供补助金以实现数据共享。没有激励措施（无论是来自欧盟项目中的直接拨款，或是私人投资机构的间接市场激励），很少有人会采取行动。对于"地平线2020"，即将到来的2016—2017年工作计划应该反映出数据共享在实验资助、商业模式、学术界和分析方面的重要性正在日益增加。激励措施将用于工业、公私合作组织或政府直接采购创新基础设施的工作中。拥有科学数据集的主体必须具有透明度，所以要在公众获取与私人利益之间取得平衡。对于大学来说，它需要进行文化变革，以便意识到良好的数据管理在使用权和其他奖励方面的重要性。

5.4　强化平台公共服务职能作为平台工作的核心内容

科技基础条件平台建设最后的宗旨就是要服务于社会、服务于科技、造福于人类社会。按照"以用为主，开放服务"的原则，科技基础条件平台对社会必须提供高水平共享服务的质和量。科技基础条件平台只有不断加强科技资源

开发和整合，完善科技资源的服务机制，创新服务模式，积极面向我国社会发展的重大需求，围绕国家重大工程、民生工程提供了有效的科技基础条件服务，强化科技平台公共服务的职能，切实为国家经济社会发展服务。

科技平台工作要适应科技改革发展的新形势、新要求，注意把握资源配置的边际效益，对科技资源进行科学合理的配置；从注重开放共享，向全面加强科技资源由产生到利用的全链条管理转变，重视资源的持续积累，重视资源的整合汇集。进一步加强数据整合集聚，加强数据分析挖掘，提高专业化服务能力，为国家重大科技创新活动提供更高质量、更高水平的支撑服务。

加大平台宣传力度，增强平台服务效应，变被动服务为主动服务，变传统服务为知识服务。摸清企业需求提供相关支撑服务，从等需求上门的被动服务向送资源上门的主动服务转变。面向社会特别是企业服务，能有效支撑技术创新活动，节约全社会的创新成本，推动协同创新。平台运行服务以用户需求为导向，促进科技资源与区域经济社会发展相衔接，使科技资源有效支撑经济社会发展进一步完善运行机制、考核机制、资源汇交整合机制、服务流程等，突出服务成效。

5.5 公共财政支持科研产生的科技资源规范化管理

在基础研究、基础应用研究领域、国家重大项目方面，国家财政投入是支持科学研究的重要经费来源。针对公共财政支持的科学研究产生的科技资源数据进行规范化管理，构建完善的科学数据汇交政策与管理体系，将科研项目管理与科学数据汇交紧密结合，公共财政支持形成的科学数据按照统一要求汇交数据，依托国家科学数据中心对科学数据进行管理、加工和应用，夯实国家科学数据中心资源基础。在全面进行科技资源调查、系统规划我国科技资源库建设布局的基础上，构建我国科技资源保护、鉴定评价和共享利用体系。着重做好国家重大科技专项、重点研发计划、科技基础资源调查以及科技资源的保存和共享工作。

从我国科技发展的阶段和发展规律来看，高水平的科学研究、科学前沿的革命性突破将更加依赖大型科研设施与仪器等科技基础条件资源的基础性科技支撑，加强科技基础条件建设和共享是从科学研究的源头上强化自主创新创业能力的战略举措，是我们国家科技发展从跟跑到领跑转变必须进行的一个环节。

第三章 国外科技基础条件平台发展研究

1 引 言

信息时代的到来，大量的信息产生，创造并积累了海量的数据，蜂拥而至的信息和爆炸似的数据量改变了人们的生活方式。信息的高速发展和科技社会的进步还改变了人们从事科学研究和进行科学交流的方式，现代科学研究和许多决策日益依赖于人们基于对数据分析的基础，而非仅凭经验和直觉进行决策。科研基础设施和数据的共享与开放则使得更大范围内的公众参与成为可能，科研基础条件平台科技资源开放与共享突破了时间和地理界限，也对现代社会经济以及科学的发展产生了深远的影响。

1957 年，在国际科学联合会理事会的组织下，成立了以地球科学、空间科学和天文学数据为重点的世界数据中心，1966 年，又成立了涵盖学科范围更为广泛的国际科技数据委员会，2001 年，国际科技数据委员会创办了电子杂志《数据科学杂志》。

2007 年 12 月，在蒂姆·奥莱理的召集下，创建 GovTrack.us 的陶伯拉和其他 29 名开放公共数据的推动者，共聚奥莱理出版社的加州总部，召开了历史上第一次开放数据正式集会，这也是美国民间第一次尝试建立开放数据的标准和共识的会议。会议将"数据"定义为"一切以电子形式存储的记录"，会议公开发表声明：我们并不决定什么样的公共数据可以开放，我们仅仅为开放制定标准和原则，定义什么才是"开放"。"我们正在进入一个新的世界，在这里，数据可能比软件还要重要"。

通过两天的会议，他们制定发布了开放公共数据的 8 条标准和原则。公共数据开放的 8 大标准和基本原则：

（1）数据必须是完整的。

（2）数据必须是原始的。

（3）数据必须是及时的。

（4）数据必须是可读取的。

（5）数据必须是机器可处理的。

（6）数据的获取必须是无歧视的。

（7）数据格式必须是通用非专有的。

（8）数据必须是不需要许可证的。

随着科学数据的开放，科学数据管理已经演变为一个新的管理领域，科学数据的管理和应用在学术界和各行业发展中，显现出越来越重要的作用。科技基础设施与数据开放与共享，给人们带来许多意想不到的有利之处，科研设施及数据的开放与共享可以降低科学家的研究成本，加快科学研究的进程。2011年5月，德国发生了严重的胃肠道感染，多国科学家正是基于德国学者公布到网上的信息和相关症状的测量数据，3天后公布了病毒的基因草图，从而为遏制该疾病的蔓延奠定了良好的基础，在此基础上，科学家得出的研究结果迅速得到世界各国专家的验证，由此，产生了新的知识，其结果是最终遏制了一场公众健康危难的爆发。

信息技术的发展也为科学数据的开放共享提供了更大的可能性。自万维网发明以后，搜索引擎、检索工具的查找、分类工具等的不断涌现，加之高倍容量存储器的逐步升级，各种数据存储、传播共享几乎没有了限制。信息技术的进步，也极大地改变了科学家、专业技术人员从事科学研究的方式方法，甚至普通公众居民也可以大规模参与一些科学问题的探索和讨论，集体智慧得到了高度开发和利用。开放的科学研究便于吸引公众参与讨论，可以培养出新一代的科学公民，可以使科学研究视野更加宽阔，科研成果更容易让社会民众接受，科学研究也更容易在更大范围内得到推广。开放性科学研究在"数据密集型科学"范式背景下，有着非常大的优越性，也将催生出更大的令人们意想不到社会及经济效益。

2 国外科技基础条件平台发展现状

自20世纪90年代以来，科技基础条件平台建设与发展逐渐引起科学界与学术界的关注，尤其是进入新世纪以来，世界各国为了提高本国科技创新能力，把科技基础条件平台建设与规划，提升到了国家发展战略的高度。

科技基础条件平台的优化与整合，已经成为现代国际科技创新竞争力的一个新焦点，世界各国普遍将其作为国家战略发展的重要内容。国际社会以科技基础设施条件共享和相互协作的方式，通过科技基础条件资源开放与共享，加强集成创新科技平台的建设，既是突破先进技术壁垒，实现技术改革的必由途径，同时也是解决社会经济发展与战略性科技专项的基础与重要手段。2009年，美国掀起"政府数据开放"浪潮以后，数据开放与共享在全球范围内得以迅速传播，截至2014年1月，此项运动已覆盖全世界63个国家和地区。

2.1 发达国家科技基础设施与条件平台建设概况

西方发达国家为了巩固在世界格局中的经济领先地位，不断加大对本国科技基础设施条件的建设和配置的力度。发达国家普遍把科技基础设施与条件平台建设，作为国家强化竞争优势的一项国策，为社会提供更多的创新条件，提高国家的整体创新能力。

2.1.1 美国的科技基础设施与条件平台建设概况

美国政府规定国有科学数据必须全部向社会开放。美国设立专项资金支持科学数据库的维护和建设，建立了包括《美国联邦信息资源管理法》在内的各种法律和制度保障体系，确保科技信息资源开放与共享。

美国是最早提出进行全球科技数据开放的国家。2009年1月，美国总统奥巴马签署了《开放透明政府备忘录》，要求建立更加开放透明、参与、合作的政府，充分体现了美国政府对开放数据的重视。同年，美国联邦行政管理和预算局（OMB）向白宫提交了《开放政府令》并获批准，美国政府数据开放门户网站data.gov上线。该数据门户网站的上线，意味着美国全面开放了政府拥有的公共科技数据，全球开放科技数据运动由此展开。

由政府主导、向全社会开放政府拥有的所有公共数据的做法，本身就是一种创新。数据开放门户网站data.gov不仅仅是一个创新的结果，意义重大的是，该网站的成立与建设代表着科技数据在全社会的自由流动，知识向大众的自由流动，这为更多的大众创业、万众创新以及社会创新提供了一个平台。

data.gov按原始数据、地理数据和数据工具三个门类组织开放的数据。2010年4月，data.gov网站上已经公开了从地理、人口到经济、能源等几十万项来自政府各部门的数据资料。2010年5月21日，data.gov上线发布的一周年纪念日，美国联邦政府开放数据的总数已经达到了 27 万项。截至 2011 年 12 月，data.gov 上共开放了原始数据 3721 项、地理数据 386 429 项，汇集了 1140 个应用程序和软件工具、85 个手机应用插件，该网站已经拥有 1570 个不同的数据可视化应用。应用程序和软件工具中，有近 300 个是由民间的程序员、公益组织等社会力量自发开发的。

2006 年《联邦资金责任透明法案》（FFATA）通过后，USAspending.gov 网站成立了，该网站不仅向全社会统一开放联邦政府所有的公共支出数据，还能够逐条跟踪、记录、分析、加总 OMB 发布的每一笔财政支出。USAspending.gov 是个巨大的数据开放网站，可以对联邦政府 2000 年以来高达 3 万亿的政府资金使用情况以及 30 多万个政府合同商所承包的项目进行跟踪、搜索、排序、分析和对比，其数据每两周更新一次。网站上线之后，受到了社会各界的极大好评，获得了"政府搜索引擎"（Google for Government）的美誉。

2011 年 5 月，美国联邦政府宣布，将建立一个以云计算为基础的第二代 data.gov 的平台。2011 年 9 月，美国、英国等 8 个国家在纽约集会，宣布成立"开放政府联盟"（OGP），并发布了《开放政府宣言》，宣言承诺之一就是向本国社会开放更多的信息资源。截至 2012 年 4 月 25 日，"开放政府联盟"会员国达到 50 个，其中 31 个国家和地区建立了公共数据的开放共享网站，其中包括中国香港地区。

2011 年 12 月，美国联邦政府宣布，将和印度政府合作，把现有的 data.gov 改造成开源平台，在 2012 年开放全部的平台代码。源代码开放之后，全世界任何国家都可以免费引进、使用及修改美国的数据开放平台，印度将率先移植 data.gov，作为其中央政府的数据开放平台。

2013 年 5 月，奥巴马政府又发布了新的"政府信息实现开放共享"法规。为了在国家实验室建设方面加强集成创新，美国实施了"科技中心计划"，将学科资源进行重新整合，形成跨单位、跨部门的综合研究中心。

美国对科学研究基础设施条件的投资力度非常大。美国政府在信息和通信技术基础设施的投资占年度 GDP 的 8.22%，加大传统大学基础科研设施的投资力度，建设国家实验室和科学研究中心是美国政府加强国家科学研究的重要手段。第二次世界大战以后，美国政府明确表达了政府和社会发展对大学研究的需要，以促进科学技术更好地向全社会扩散。为此，美国联邦政府加大对传统大学的经费投资投入力度，支持传统大学开展科学研究活动，促进传统大学朝着研究与教育并重方面努力发展。近几年，美国用于科技研发的经费增长非常快，1992 年，美国卫生系统的科研预算经费为 880 万美元，到了 2012 年，其预算经费为 4410 万美元，增长了 401.1%。美国负责支持基础科学研究主要有 2 个部门 NIH 和 NSF，而 NSF 在 2013 年预算经费增加了 4.4 亿美元，总数达到 72 亿美元，较 2012 年的预算经费增加了 5%。

一批研究型大学借助此力量迅速崛起而发展起来，这些大学科研的发展促进了学校教学质量和教学水平得到很大提高；科研的发展，同时使得这些学校的教师和学生，能够及时跟踪和了解其研究领域世界科学发展的最新研究成果和学术发展动态。美国联邦政府的能源部拥有 9 家多学科实验室和 14 家重点实验室，这些实验室大多分布在全美的各个大学之中。

美国加州大学伯克利分校的劳伦斯实验室、洛斯阿拉莫斯的核武器实验室、NASA 的喷气动力实验室等都是世界闻名遐迩的研究机构。正是这些国家实验室和研究中心构成了美国科技创新体系国家队的主体。目前美国联邦政府有 700 多家国家实验室和研究中心，其中主要分布在国防部、能源部、健康与人类服务部、农业部和 NASA 等单位。

美国是一个非常重视资源统计积累的国家，同时也非常注重科技信息开放与共享。美国在颁布的信息权利法中，对于政府部门和政府资助的项目，明确规定纳税人有权索取这些科研项目相关信息，尤其是网络和计算机技术发展以后，科技信息共享对于美国科研的环境和科技水平的提高起到了非常重要的作用。1981 年，美国的 NSF 通过 5 个超级计算机中心建立了连接全美国的许多大学和学术机构的 NSFNET 网络。Internet 网的飞速发展推动了美国科学数据网络化的快速发展，科学数据发展的同时为加快美国知识的传播速度，降低科学研究的成本和减少一些不必要的资源浪费，都提供了极大的帮助。如今，美国科研人员可以很方便地通过互联网查找各种资料和相关信息，无论是政府的政策、法令，还是各大学、企业和非营利机构的网站上，美国网络资料的公开性、完整性和综合性都是最好的。

美国联邦政府还力求使政府投资建立的信息资源成为公用资源数据，包括政府政策规章、全美地理信息系统、交通系统、健康、环境和天气预报等公用资源，以及与此相关的教育、咨询、展览和会议等服务信息，早已成为美国公民日常生活中的一部分。科研人员可以很方便地找到关于美国的科技政策、会议、论文、专利以及人文地理、自然资源和历史资料，等等。

2.1.2 日本的科技基础设施与条件平台建设概况

作为世界科技和经济强国，日本早在 1997 年就开始实施了知识基础建设推进制度，并在科学技术振兴调节费中增设了知识基础建设推进制度专项调节费。其目的是为了加强国家整体面向 21 世纪知识基础的建设与积累，并更有效地向包括民间企业在内的整个科研系统，提供基础性的各种服务。通过这项制度，日本希望建立起各种学科的大型数据库、生物及遗传基因库、建设更高水平的试验、计测、标准、调查方法，并为本国科学研究提供更高质量的各种实验所需的基础材料。日本采取的基本方法是政府投资，各厅分头实施，建立公众基础资源中心；各资源中心可以互通有无，资源共享，达到增加国家整体知识资源积累的目的。日本政府还十分重视科研信息情报基础建设。日本人认为，日本是一个物质资源极其匮乏的国家，唯一可在日本本土产出、并可供 21 世纪发展利用的资源就是科技信息情报。因此，自 1997 年日本实施了科学技术发展基本计划以来，一直将信息情报的资源开发及流通视为 21 世纪日本发展的基础，日本政府在这个方面投入了非常大的力量和资金。

2001 年，日本科学技术白皮书把"加强科技基础条件平台建设"作为"科技体系改革"的重要内容，大规模增加科技投入重点，改善国内的科技基础设施和科研条件。日本文部科学省积极采取各项措施，提高本国科研基础设施使用效率，制定了相应的政策和条例来保障政府投入的科研设备，规定政府资助建立的科技平台必须制定开放和共享条例，采取各种办法确保向社会和公众开放仪器设备，保证企业和科研机构进行各种试验研究。

（1）大幅度提高了国立研究人员计算机拥有量。

（2）实现 101 个国立研究机构之间及与美国、韩国等亚太高级研究信息网络（APAN）的大容量高速数据交换。1996—1999 年的三年时间里，日本完成了政府部门间研究信息网络的改造工程。

（3）于 1998 年建成了用于全国规模科研专用的超高速光通信网，全国设立了 45 个接点，有 5 个设施专门是让科研人员进行研发利用。

（4）建成了全国学术情报网，至 1999 年 3 月，共有 434 所大学，318 个研究机构共计 752 个研究机构加入了这个网络。

（5）建成了大学情报网，76 所大学引进了非同步传输（ATM）交换机，实现了校际高速数据传输。

（6）加大了科研数据库建设力度，已建成了地球环境研究数据库，基因数据库等 14 个大型科研数据库。

除此之外，日本还加强了与美国 CAS、德国 FIZ、国际科学情报网（STN International）等国际网络和数据库的联系，目前日本已经可以向国内的研究机构提供近 200 个国外的数据库服务。另外，日本于 1996 年开始与美国商务部合作，开设了美日学术文献机器翻译中心，向日本国内提供实时服务。由于当今科学的发展很大程度上取决于研究手段，日本从首相桥本内阁开始，将国家用于刺激经济的公共投资，从过去的主要投向道路、港湾等方面，转向对科研设施和大型科研设备的投入。在解决大型实验手段的同时，日本也对解决国立研究机构和大学的试验设备老化问题进行了大规模的投入。日本利用三年时间将国立研究所的设备老化率（购入 10 年以上）的比例从 38.1% 降至 10% 以内；在粒子、超导、超微、极限科学方面，都有一些新项目被列入了由政府投资发展的对象。各种措施的实施，使得日本在大型基础设施方面将初步赶上美国的硬件条件。1996 年后，日本已建成了世界最先进的回旋加速器 Spring-8、世界最大级的三维震动破坏装置、最大级的地面光学望远镜"昂"、非对称性电子对撞加速器、大型螺旋核聚变试验装置等一批世界最先进的大型科学装置，使基础科研领域的实力大大前进了一步。

日本在加大政府对科研硬件投入的同时，也十分注重提高设备的使用效率，采取了一系列措施，对由政府投入的试验设备都制定了相应的使用条例。条例规定这些试验设备必须接受企业和社会的试验委托，并向相关单位开放这些设备。例如，回旋加速器 Spring-8 就向大阪大学蛋白研究所及 2 家企业等开放了 8 条光束。根据这些设备共用规定，日本目前已有相当多的企业，开始委托大学或国立研究机构，进行过去企业人力、物力都难以开展的一些试验研究，借助于国立机构高水平的试验设备和专业试验人员，企业的试验水平得到很大提高，企业的开发竞争力已明显得到了改善。

日本由于法制比较健全，产学研共同开发体制也搞了多年，积累了相当多的经验，设备共用，接受民间委托，可以说是其中最为成功的部分。

日本科技共享资源有多个种类，并有数部法律对其进行指导和规范。例如，在大型科学仪器的共享方面，制定了《促进特定尖端大型研究设施共享的相关法律》；《科学技术基本法》对科研成果公开、科研人员流动、科研设施共享等做出了指导；另外还有《研究开发力强化法》《国立大学法人法》等法律，这些法律共同构成了科技资源共享的法律基础。

2.1.3 韩国的科技基础设施与条件平台建设

近几年，韩国政府在国家重大科研仪器设施投入和建设管理、提高其使用效率等方面，建立了科学的投入、管理、运行和共享使用机制。

韩国科研机构的设施购置和运行费用，主要来源于国库、贷款、自筹研究费和其他有关单位的资助等。近几年，韩国教育部加大了对大学研究所用科研仪器的投入力度，以提高大学教育水平和研究能力。国立大学 80% 的科研设备费是靠国家拨款和贷款来解决。但国家对私立大学的支援明显不足，致使一部分私立大学在科学研究设备方面只能自筹资金。

韩国每年从 2 月份开始运作下一年度预算编制，国家重大科研仪器设施预算编制亦不例外。韩国研究开发预算归口于企划预算署。政府各有关部门从 2 月份开始经过几上几下编制出预算草案。政府各有关部门再对预算草案进行多次协商和调整，最终于 9 月中旬向总统报告下一年度预算草案。国会于 11 月对预算草案进行审议，做出最后决定，科学技术预算 12 月才能最终确定。

国家资助购置的重大科研仪器设施的产权归属问题，韩国采取的办法是：由国家购置的重大科研仪器设施，其产权归国家所有。另外，由国家购置的一部分重大科研设备虽设立在各大学或科研机构，但其产权仍属于国家，由国家资助购置的重大科研仪器设施的产权归购置方所有。通过贷款购置的科研设备产权归购置单位所有，贷款由贷款方偿还。但对中小企业，政府会视情况实施一定的扶持政策。

采取措施促进科研设备向社会开放。为提高科技竞争力，韩国在加大对科研仪器设施建设投入力度的同时，积极采取各种措施来提高现有科研仪器设施的使用效率。为了提高国家投入购置的仪器设施的使用效率，政府建立了科学的投入、管理、运行、共享使用机制。将现有的科研仪器设施向社会开放，既可提高研究开发投资的使用效率，又可防止科研设备的重复购置。目前，韩国政府通过立法来保障科研仪器设施向社会开放。合作研究开发促进法规定，大学或研究所的运营经费如果是由国家、地方政府或政府投资机构支付的，在该机构业务不受影响、并收取一定费用的情况下，该机构拥有的研究开发设施和器材应允许其他单位使用。

韩国仪器设施技术管理人员在条件、培养、待遇方面与科研技术研究人员等同。在韩国各研究机关和大学，由专家或对技术精通的人来管理科学仪器设施。有关仪器设施技术管理人员的培养、待遇均由大学或研究机构自行决定。

为了提高仪器设施技术管理人员的业务水平，大学或研究机构派出的培训人员费用由派出单位负责，个人参加的培训，其费用自理。值得一提的是，韩国政府还十分重视互联网基础设施建设。作为宽带应用的领跑者，韩国 2006 年投资 16 亿美元提高互联网基础设施和应用解决方案水平。这个金额占了整个韩国 IT 行业和电信行业投入资金的 13% 左右，这些资金是商业部门和政府专门为发展高新技术所投入的资金。通过政府对电信部门的超常规投入，使得韩国拥有世界上最好的电信基础设施网络，同时推动了国家互联网和无线应用市场快速增长。值得注意的是，韩国 2005 年的经济增长率是 42%，韩国是 3G 开发的前沿阵地，韩国正在努力开发第四代移动通信的原型和核心技术。韩国的中小型公司不仅仅将互联网看作一种经济交流的渠道，而是从战略的高度上看问题，因为互联网可以增强他们在竞争中所处的位置。因此，韩国是在 IT 花费上最舍得投入的国家，特别是在互联网方面尤为突出，几乎所有的中型商业公司以及 81% 的小型商业公司都开通了互联网业务。

2.1.4 英国科技基础条件平台发展状况

英国政府在 2000 年 7 月发表的《卓越与机遇：面向二十一世纪的科学与创新政策》白皮书中强调，将进一步加强一流科技基础设施建设作为英国政府的优先发展的首要任务。对于不同部门或研究机构产生的各种不同类别的科技资源数据，英国政府对其进行分类管理。如研究理事会科技数据、基金会科技数据、大学科研数据、政府部门科技数据，等等，这些科技数据分属于英国不同部门和机构负责管理。对于公共机构所掌握的各种信息和科技资源，英国政府尽最大能力开发，以使其公民可以非常方便地获取，英国政府依法设立的信息专员，独立履行职责，监督执法。

英国要求政府资助的机构，受到政府资助的科研项目，科研数据必须得到长期保存并且提供开放共享。英国政府出台的政策明确规定，政府科研资助的项目完成后，科研教育机构必须将主要的科研数据安全保存至少 10 年。政策规定，政府科研资助的项目，如果是人文、艺术、社会、经济等领域的机构，科研项目在完成后的 3 个月内，在其研究过程中所产生的科研数据，必须保存；对于医学、科学技术等领域的机构，在研究成果出版后 6 个月内，应当将项目研究过程中产生的科研数据开放共享。

有的科研机构由于部门性质的特殊性，对科研数据权益有其特殊的要求，例如，CRUK 要求在提供科研数据开放共享的同时，尽可能对知识产权进行保护、对病患人员的隐私和机密数据进行维护处理；EPSRC 要求科研机构在线发布结构化的元数据；MRC 要求科研数据得到权责制度上的管理；NERC 要求科研成果发表时，应该包括科研数据以及其他附加信息能够获取的声明；惠康基金会要求项目计划中包括数据方案等。

英国所有的国家重大科研仪器设施全部是政府出资建设，其产权也完全归属政府拥有。CCLRC 是英国国家重大科研仪器设施中心，负责向英国政府建议或者购买何种重大科研仪器设施，及购买需要的费用。英国每年用于购买重大科研仪器设施的运行经费总额大约为 1.4 亿英镑。英国还有专门机构 STFC 负责推进大型科技仪器设施开放共享工作。

英国政府非常注重科学研究过程中，直接和间接产生的经济效益。英国拥有世界先进的科学基础设施和非常优秀的大学体系，它们在社会发展中都发挥着非常关键的作用。英国政府注意到，科技数据在英国未来经济社会的发展中将发挥不可低估的作用。一份对英国数据权益的分析显示，2011 年，科技数据对英国商务产生的价值为 251 亿英镑，预计 2012—2017 年，科技数据对英国商务产生的价值将提高到 2160 亿英镑，占英国 GDP 的 2.3%。令人惊叹的是，其中绝大部分价值，是由于英国企业利用科技数据使用效率的提高带来的，这部分价值大约 1490 英镑；另外，大约有 240 亿英镑则是来自于预计的科技数据驱动型科学研究支出的增加。

2.1.5 欧盟地区科技基础条件平台发展状况

欧洲联盟是一个政治和经济联合共同体，目前有 27 个会员国，欧盟的宗旨是"通过建立无内部边界的空间，加强经济、社会的协调发展和建立，最终实现统一货币的经济货币联盟，促进成员国经济和社会的均衡发展"。作为世界经济与科技最发达的地区之一，欧盟一体化的科技联盟体系逐渐形成和发展，科技资源的开放共享工作也取得了积极的成效，欧盟发挥官方主导作用，协调统筹各成员国，推动了大型研究基础设施、科学数据、科技资源等开放共享。在过去的十年间，欧洲研究已在数据库和数据挖掘技术方面投入了大量资金，目前已在这些领域积累了许多经验，取得了一些创新成果。

欧盟成员国通过立法的形式强制要求科技基础条件平台信息向社会公开。德国制定了《信息和通讯服务规范法》，法国颁布了《信息社会法》，2012 年，欧委会发布一项政策文件，要求所有由欧盟公共资金支持的研究项目，必须公开其研究结果及研究过程中产生的研究数据信息。2013 年 3 月，欧委会在互联网上，首次对外公布欧洲的 800 座科研基础设施分布图，这些科研基础设施对欧洲科技人员开放，以提高科技基础设施资源的利用率，加强科技基础条件平台的开放共享。欧盟"地平线 2020"研发创新框架计划，要求欧盟及成员国必须统筹和优化科技资源的配置，加强和完善产学研用的密切关系，推进和加速欧盟现代经济社会的持续进步，实现科技平台与外部的合作创新。"地平线2020"规划重点围绕和依托建设欧洲研究区域，避免科技创新科研活动重复开展，避免因为同一活动开展的科学研究经费的重复投入。

2011 年，欧盟委员会欧洲研究区委员会进行的一次调查显示，欧洲研究区委员会内 27 个国家中有 13 个国家或地区都制定了国家级或地区级的开放存储政策。瑞典政府制定了一项正式的国家开放存储计划，推出了"瑞典开放存取"网站。该网站支持对杂志和科技资源库的公开访问。冰岛推出了一种容许拥有国家网络服务商（ISP）分配地址的任何公民免费访问多种电子杂志许可证。

2013 年，欧盟、美国和澳大利亚政府启动了全球数据共享所进行的最重要的尝试之一：科研数据联盟。其目标是：促进国际合作以及科学数据共享所需要的基础设施建设。目前，科研数据联盟已有超过 2350 名的成员国，这些成员国分布于 96 个国家。

2.1.6　澳大利亚科技基础条件平台现状

澳大利亚国家数据服务（Australian National Data Service，简称 ANDS）于2009 开始建立澳大利亚科研数据共享中心，ANDS 曾横跨整个部门与主要研究机构和 NCRIS 设施合作。它们协同工作，通过进行一些关键数据的转换，使科技数据可以充分发挥其价值：移动数据到结构化数据的集合，便于科技数据的管理、链接、发现和重用。

在过去的七年，澳大利亚政府非常重视科技数据在国家经济和社会发展中发挥的重要性，加大对科研基础设施的投入，科技基础条件设施的资金投入是这些投资的主要部分。研究机构的科研数据基础设施已经基本建成，科技人员可以方便地存储数据，在科学研究中可以利用开发共享的数据计算自己科学研究需要的结果，形成的科研数据向合作伙伴（研究机构、公众的供应商）提供，NCRIS 的数据密集型投资确保澳大利亚国家拥有世界上最好的科技资源和数据基础设施。

目前，澳大利亚有非常强大的科研数据管理能力，可以使用统一的方法来研究澳大利亚的数据资产，可以根据政策和技术的变化，支持科研数据实践的重大变化。在改进数据管理、连通性和易用性方面已取得重大进展：

（1）建立了澳大利亚科研数据共享数据资源的共享网络。

（2）2015年，在澳大利亚科研数据共享中心新增10万个科研数据集合。

（3）大大提高了机构的科研数据管理能力。

（4）帮助建立机构的科研数据基础设施。

（5）共同引导研究数据联盟成立，推动国际数据交换。澳大利亚的研究人员、研究机构和国家处在全球科研数据密集活动的最前沿。

2.2 其他国家以及发展中国家科技基础条件平台发展现状

西方发达国家已经从最初的科技基础条件平台建设，最初的科技数据开放共享进入到探讨科学数据开放的边界问题，开始探讨科学数据开放与国家安全、商业利益和个人隐私之间的关系等问题。但对于许多发展中国家，似乎离探讨这些问题还非常遥远。

众所周知，很多发展中国家的科技基础条件设施薄弱，各种信息存储设备条件严重不足，一方面，因为这些国家面临着巨大的财政挑战，另一方面，由于这些国家缺乏科技基础条件开放与共享的规范和文化的认同。一些发展中国家的部分研究机构，仍然将科学研究数据当成自己或者部门的秘密或个人的私有商品，当然，对于一些发展中国家，其主要矛盾或者突出问题是科技基础条件设施的不足。截止到2011年，整个非洲地区对数据管理和存储方面的投资还远不如以色列一个国家的投资总数多。

发达国家在国家层面就有非常清晰和明确的数据管理和开放获取的政策或计划，发展中国家缺乏数据开放共享和管理的明晰政策，缺少开放数据的规范和传统，虽然，科技基础条件设施的薄弱，在客观上也的确影响和制约了发展中国家对科学数据开放共享的构建和形成。

发展中国家科技基础条件设施普遍都比较薄弱，但是，发展中国家之间的科技基础条件设施的建设和发展的差距已经越来越明显，差别也越来越大。一些发展中国家，诸如中国、印度、巴西、土耳其等，无论是在科技基础设施建设还是发表的论文和产生的研究数据等方面，都占据了发展中国家的3/4以上。

纵观世界科技基础设施条件的发展，世界南北国家之间的差距正在逐渐缩小，南南国家之间的差距正在逐步扩大。

但是，现在的情形正在发生一些转变。一些发展中国家政府已经充分认识到科技基础设施条件，在整个国家经济和社会发展中发挥的作用是不可低估的。这些发展中国家已经将国家科技基础条件平台建设，作为实现国家跨越式发展的战略举措，为了实现本国科技和经济的跨越式发展，也纷纷加大了对科技基础条件的投入和配置力度。

印度科技部早在 1976 年就启动了"地区尖端仪器中心"计划，在不同地区设置了"高级仪器设施中心"，为大学、科研机构和企业界的科学家提供高级的分析仪器，将科学、技术和医学知识以在线的形式提供给受众，将创造者和使用者联系起来。2000 年 5 月，印度通过了《信息技术法案》，坚持以立法的形式确立科技政策。2012 年 2 月，印度推出了"国家数据共享与访问政策"，该政策规定人们在执行国家规划与开发工作时，能够访问印度政府拥有的各种科技数据，这包括访问政府所有部门和机构内使用公共资金创建的数字格式或模拟格式的所有非敏感性的可用数据。

巴西政府在《科技进步法》中，也明确规定全国对科技基础设施的投入必须保持每年 5% 的增长率。即便是很贫穷的国家，现在也是非常重视科技基础设施的建设。巴基斯坦在 2000—2008 年间，科教方面的投资分别增长了 6000% 和 2400%，其中 55% 用于人力资源的开发和培养，29% 用于科技基础设施的建设，5% 用于科技信息的获取，这九年之内，巴基斯坦科技基础设施获得了爆炸式的飞速增长。

哥斯达黎加发布国家开放知识库。2016 年 3 月 8 日，哥斯达黎加大学正式发布名为 Kímuk 的哥斯达黎加国家知识库，遵守 OpenAIRE 文献仓储指南和 LA Referencia 的推荐规范。哥斯达黎加知识库联合四所州立大学，收录国内 70% 的学术成果和科学研究过程产生的成果。Kímuk 目前共收录 32 480 篇文献，包括文章、学位论文、报告等。Kímuk 目标是在国内提供在线获取学术和科技成果的服务。

2016 年 3 月 11 日，秘鲁建立了国家开放获取知识库网络 RENARE，RENARE 知识库网络关联 49 个机构，提供将近 5 万本出版物和数据集。国家网络是由 CONCYTEC 和秘鲁国家科学技术创新委员会支持主持开发的，CONCYTEC 是 LA Referencia 成员之一。

3 国外科技基础条件平台建设的经验借鉴

科学家们非常渴望熟悉世界，了解社会自然现象，认识人类社会的方方面面，为民众利益做贡献。科学研究几百年以来，一直都是一项具有国际化和具有开放性的活动。科研机构在开展科学研究工作时，只有在需要的各种信息都是公开和可以获取的情况下，才能开展实质性的研究工作。这是因为科学研究需要经过多方面的、严谨的科学分析，使研究成果再现。近年来，随着科技数据经济价值得到人们的高度重视，科学家现在对科技数据的开放度，已经不能满足商业部门和自由企业的发展需求。

各国政府认识到科技基础条件在科学家认识社会、了解自然社会中发挥的作用，积极为科学家基础性研究工作提供尽可能多的资金费用，从而让科技基础设施为知识传播、为国家经济和社会发展做出积极贡献，尤其可以在掌控全球性风险方面发挥积极作用，比如，在流行疾病或环境恶化方面发挥作用。科技基础条件设施开放共享，时时刻刻影响着世界科学研究和社会发展。

近几百年来，公众对科学的了解和对科学认识的增长，应该归功于科技基础条件的开放与共享，世界范围内科学研究的开放沟通和讨论，一直处于科学实践的核心地位。科学理论，包括科学实验数据和观察数据的发表，使得其他科学家和学者能够进行审查、重复实验，并重新使用这些理论或数据来创造进一步的科学认知，同时错误的地方能够被识别出来，让人们可以反驳或者完善科学理论。

世界各国，在科技基础条件平台的开放共享方面，以设施共享和相互协作的方式，通过资源共享，加强集成创新。这一方面的实践主要集中在以下三个方面：

第一，世界各国通过立法的形式强制要求科技基础条件平台信息公开。例如，德国的《信息和通讯服务规范法》，法国的《信息社会法》，2012年欧委会发布一项政策文件，要求所有由欧盟公共资金支持的研究项目公开其研究结果及数据信息。美国政府历来注重对科技信息公开的立法工作，形成了以"完全与开放"为核心的法律体系，较早制定了《美国联邦信息资源管理法》，并随着环境的变化不断进行修订和调整，2013年5月，奥巴马政府发布了新的"政府信息实现开放共享"法规。

第二，提高科技资源的利用率，加强科技平台的开放共享。2013年3月，欧委会在互联网上首次对外公布欧洲800座科研基础设施分布图，这些科研基础设施对欧洲科技人员免费开放获取。日本文部科学省积极采取各项措施提高本国科研基础设施使用效率，规定政府资助建立的科技基础条件平台必须制定开放和共享条例，向社会和公众开放科学仪器设备，允许企业和科研机构用这些仪器设备进行各种试验研究。美国在国家实验室建设方面加强集成创新，实施"科技中心计划"，将学科资源进行重新整合，形成跨单位、跨部门的综合研究中心。

第三，推进科技基础条件平台与国际层面的合作创新。重视科技基础条件国际合作，已经成为共识，欧盟《OECD 关于公共资助的科学数据获取的指导方针和原则》、英国皇家学会《科学是开放事业报告》、美国白宫科技政策办公室开放政府政策，都将科学数据作为一种重要的科研产出，提倡将科学数据开放，供科研人员在科学研究过程中方便地获取、挖掘、利用。印度科技部1976 年启动的"地区尖端仪器中心"计划，要求印度的国际研究和协作平台Knimbus 向外国大学提供服务，将科学、技术和医学知识以在线的形式提供给受众，将创造者和使用者联系起来。欧盟"地平线 2020"研发创新框架计划，要求欧盟及成员国必须统筹和优化科技资源的配置，必须加强和完善产学研用的密切关系，必须推进和加速欧盟现代经济社会的持续进步。2013 年，欧盟、美国和澳大利亚政府启动了全球数据共享所进行的最重要的尝试之一：成立科研数据联盟。

3.1 国外科技基础条件开放与共享的主要做法

长期以来，发达国家一直非常注重科学数据和信息资源的保存、开放和利用。特别是对国家财政投入的科研项目支持产生的科学数据和信息资源，进行了系统管理和规范利用，发达国家为了提高国家对科技基础的开放共享，采取了许多措施和切实可行的方法。

3.1.1 强化顶层整体规划和统一布局，保障国家科技研发平台的基础设施建设

发达国家对科技基础设施条件的重视，不仅表现为管理政策和制度保障完善，还表现为政府在科技基础设施建设中，强化顶层设计，加强各领域资源整体布局。2015 年，美国数据创新中心发布的八国集团《开放数据宪章》报告，根据各种评价指标整体考核后指出，英国科技基础条件平台之所以成为推动英国数据开放共享的重要因素，就是因为英国的科技基础条件平台，有着非常规范化、科学化的分领域建设和布局专业化的顶层设计。

美国的研发平台基础设施主要分布在政府资助和兴建的研究中心和国家实验室。目前,拥有分布在国防部、能源部、农业部等单位约 700 家国家实验室和研究中心;美国的公共科技平台根据各自职责与功能的不同,采取不同的服务方式,提供不同服务内容,形成各自的服务特点。代表性的有:集教育者、领导者、代言人、专业协会于一体的美国科学促进会,为技术转移及技术成果产业化提供整套服务的供应中心美国国家技术转让中心,产学研合作的推进者华盛顿技术中心,面向产业科研的国际性专业服务机构集科研究中心。欧盟研发平台的基础设施建设,主要是欧洲科技合作计划(COST)和欧洲信息技术研究和开发战略计划(ESPRIT)。

3.1.2 制定多层次的政策法规,保障科技基础设施条件的管理与开放

发达国家在推进数据与信息开放过程中普遍有多个层面的法律法规予以支持和保障,尤其是对于国有公益性数据信息的管理和共享提出了明确的开放具体要求,对于私营企业投入产生的数据多以市场化机制进行管理。美国国家级科学数据共享的总体思路是,将"完全与开放"的科技基础条件开放与共享政策,作为美国联邦政府在信息时代的一项基本国策。美国国家科学基金会制定了《设施监管指南》,美国农业部制定了《研究设施法》等,为大型科学仪器设施的科学、合理化管理、使用效率提高,奠定了制度基础。在英国,早在 20 世纪 40 年代就对实验动物实施法制化管理,美国也相继颁布了《实验动物保护与管理法规》等,并成立了非营利性的实验动物设施认定协会,将实验动物设施的认定工作和实验动物的使用,逐步纳入法制化轨道。美国航空航天局(NASA)的《设备管理指南》中规定,对于各个部门的雇员使用的所有设备,部门负责人要保证对这些设备的丢失、损坏或破坏迅速调查,并进行评价以免再次发生。对一些公益性质的科技资源如科技图书、期刊等,美英等国均建立了强制性呈缴制度,以保证国家所掌控科技资源的完整性。

美国是现有制定科技数据政策相对完善的国家之一,通过多次修订《信息自由法》,逐步构建了国家信息公开和数据资源共享的制度框架,将"完全与开放"的科学数据共享政策作为信息时代的一项基本国策,由联邦政府负责统筹和规划科学数据管理工作。同时,在联邦政府的统筹推进下,美国许多联邦机构和组织也制定了相关的数据管理政策,如美国国家科学基金会、美国国立卫生研究院、能源部、教育部、环保部等部门,分别对本部门内部产生科学数据的管理与开放提出了明确要求,例如,制定数据管理计划、提交指定数据中心

保存、规定数据保存年限、对项目数据生产进行专门资助等。

3.1.3 加大科研基础设施投资力度，保障科技基础设施条件的建设和改善

自 20 世纪 90 年代以来，世界各国采取措施加强科技基础条件设施的建设，加大国家公共财政支持。美国国家科学委员会（NSB）每年向预算部门提出"制订跨部门计划和战略来确定跨部门的科研基础设施建设的优先顺序"的建议。美国政府实施国家方面的科学数据和科技基础设施完全开放与共享国策，国家财政设立专项资金来连续支持科学数据库中心群的建设，并利用国家法律条款等手段保障科学数据开放共享信息的畅通。1993 年，美国颁布并实施了《国家信息基础设施》计划。美国联邦政府在其 R&D 总投入中专门列支"研发设施"一项，能源部每年支持其所属的 30 个国家实验室的经费达 70 亿美元，国家科学基金会 2004 年的预算中安排了 25% 的资金支持科技基础设施条件建设和改善。

美国每年大约拿出国民总收入的 8.22%，用于促进国家数据的网络化。第二次世界大战以后，美国联邦政府加大对传统大学的经费投入力度，支持传统大学开展科学研究活动。一批研究型大学借助此力量迅速崛起而发展起来。美国联邦政府的能源部，拥有 9 家多学科实验室和 14 家重点实验室，这些实验室大多分布在全美的各个大学之中，像美国的加州大学伯克利分校的劳伦斯实验室等。正是这些国家实验室和研究中心构成了美国科技创新体系国家队的主体。

日本政府从 1980 年宣布"日本科技独立时代"开始，提出了"技术立国"的战略，制定了相应的"产业科技研发方针要点"，在通信、航空、计算机等领域取得了重要成果，并在有些领域赶上和超过了美国和欧盟的一些发达国家。据统计，美国的 12 万项专利申请中的 19% 都是日本人申请的，其中电脑相关专利的约 33%，飞机制造业专利的 30% 和通信业专利的 26%，以及基本金属、科技仪器、机动车领域 25% 的专利申请人均为日本人。日本在面向 21 世纪的产业技术开发战略中提出，建设高水平、高效率的先进研究开发设施。文部科学省专门制定了"国立大学等设施紧急装备 5 年计划"。

欧盟提出"欧洲研究区"（ERA），通过联合欧洲各国的科技力量，增强欧洲各国企业的竞争力，从而提高欧盟在国际上的影响力。2007 年起，欧盟实施投资 544 亿欧元的第七个研究框架计划，其首要目标就是增强欧盟的科技基础研发能力，有效转化科学研究成果被首次列入研究框架计划。2010 年 3 月，欧盟颁布的新战略《欧盟 2020 年战略——为实现灵巧增长、可持续增长和包容性增长的战略》，将研发投资增加到 GDP 的 3%。

其他国家，同样加大了科技基础设施条件投资。韩国 2007 年出台《第二期科技基本计划（2008—2012 年）》，并于 2008 年修订发布。该计划的核心内容可简称为"577 战略"，该战略明确规定了韩国政府，未来 5 年内研发经费的预算、重点发展领域和所要实现的目标。1997 年，加拿大政府创建国家创新基金（CFI），5 年内共投入 20 亿加元支持研究基础设施建设。

3.1.4 实行全生命周期规范化管理机制，保障科技基础设施条件的全链条和系统化管理

科学数据的开放与共享，其涉及面非常广泛。它不仅与科学研究及技术人员有关联，同时与科技数据的来源、科学数据的性质以及过去使用数据的人员、未来将使用数据的人员都紧密相关。开放科学数据有两层含义，首先是科技数据要向全社会开放公开；其次是开放的科学数据格式等应该规范的问题。因为公开的数据必须可以供使用者重复使用、自由加工，所以开放数据的格式也非常重要。科技数据不像编程代码，编程代码与个人无关，科学数据却可能涉及数据的安全和个人的隐私。所以，什么样的数据可以开放，哪些数据应该开放，数据以何种形式开放，谁来管理数据的开放等问题，都需要在开放之前进行标准化、科学化、规范化的管理。

世界知名的数据管理中心，如美国、英国等国家的数据管理及维护，通常都按照科学数据全生命周期进行规范化的管理和运行，探索出不同的项目中产生的研究数据，在全生命周期中有着各自不相同的数据管理需求，在全生命周期管理数据方面取得了突出的进展和成效。科学数据和信息资源的全生命周期是从科学数据和信息资源可用、易用和可追溯到科技资源具有的形成、成长、成熟、衰亡的生命过程，包括科技数据的生产、处理、分析、保存、访问及重新使用等阶段。科技数据首先要经过严格的评估，判断是否需要保留、保留多长时间；数据需要经过怎样处理；明确使用数据既定的受众，是研究机构还是某一国际数据库的用户，或者是非专业工作者；是否需要进行知识产权加以保护；保管成本与其价值是否相称。

具体来说，对科技数据进行全生命周期管理的措施：在数据生产阶段开始启动管理，制订相应的数据生产和共享计划，制订生成元数据标准等；在数据处理阶段的办法：规范数据录入和转录的程序，制订翻译、检查、验证、清理标准等；在数据分析阶段的工作：详细解释并说明数据的来源、何时对数据保存等；数据保存阶段主要包括：数据转移为最佳格式、数据转移的最佳媒介，对数据备

份及保存、制作数据档案等提出要求；数据访问阶段：如何按照数据分类及共享数据进行访问、规范访问数据版权、数据推广等；数据重新使用阶段：规范后续研究如果使用数据，如果进行研究评述，审查成果中怎样重新利用数据，等等。

美国国家空间科学数据中心、美国海洋大气局、英国数据档案保管中心、英国数据保存中心、澳大利亚数据服务中心，基本都是运用生命周期对其数据进行维护和管理。

3.1.5　国家加强对科学数据质量的管理，建立评价科学数据共享水平的标准

国家通过数据质量管理法规、国家制定数据管理标准等手段加强科学数据质量管理。美国总统事务办公厅管理与预算办公室最近发布通告，强调国家要对科学数据的质量进行严格管理。国家不仅要求国有科学数据"完全与开放"共享，同时，国家对国有科学数据的质量提出严格要求。国家制定科学数据标准和规范，通过标准、规范和法规政策加强对科学数据质量的控制，从而提高科学数据的质量和精度。

数据管理政策是否完善，对于拥有数据的机构能不能完整妥善地保存、共享科学数据至关重要。科研资助机构应对数据管理和共享的过程进行全面监督，BBSRC通过最终报告进行评估，并将此评估结果作为未来项目申请建议的申请追踪记录。科研资助机构还可以制定详细的奖惩制度，将科研人员对数据的贡献纳入科研项目评估或是职称评估的体系中，或是优先资助科研数据共享工作较优秀的科研人员。发达国家为了加强对科学数据质量有效的管理，建立评价科学数据共享水平的标准。科学数据共享范围和共享质量是评价科学数据共享水平的重要标准。在评价科学数据共享工作中取得的成绩时，西方发达国家采用科学数据共享范围和共享质量标准来评价科学数据共享水平。科学数据共享的范围，包括数据平台用户的数量、使用单位的广泛性以及数据在国际方面的影响等；科学数据共享的质量，包括科学数据开放共享的及时性、对国际和国家有影响的项目中产生的研究数据是否实现了数据和信息的开放与共享等。有的国家采取半年评估数据中心（平台）运行状况，科学数据中心（平台）发展五年到达稳定或者发展不好彻底进行淘汰，采用这种制度来促进科学数据共享工作不断得到改善。

3.1.6　建立绩效考核机制，保障对科技资源研发平台管理的有效性和投资的合理性

美国国会在1993年通过《政府业绩与成果法》（GPRA），成为美国当前科

技计划绩效评价的重要政策。根据 GPRA 的规定，多数美国联邦政府所属机构都必须定期提出 3 种报告：长期策略规划、年度绩效规划以及年度绩效成果报告。美国国家科学基金会在《设施监管指南》中指出：项目负责人要审核评估研究和培训结果、用户需求满意度以及设备的管理状况，并规定受助方有义务对自己内部的活动进行内部监督，要制订自我评估计划，确保设备的管理完善。实行了内部自律和社会监督相结合的考核机制。

从 20 世纪 80 年代初开始，欧盟在其前 3 个框架计划中，组织 500 多位专家对 70 个计划进行了包括投入和产出的评价，并开展了 40 多个支持性研究。1996 年，欧盟又发布了《Sound and Efficient Management 2000》方案，要求对科技计划的绩效进行系统性评价，评价模式包括持续监控和 5 年一次的评价。

2001 年 1 月，日本政府政策评价各府省联络会议通过了《关于政策评价的标准指针》，对政策评价的对象范畴、实施主体、评价的视角和评价方式做出具体规定。同年 11 月，日本政府又公布了《国家研发考评实施方针》，要求对项目进展情况定期检查，发现问题要及时提出调整意见，供下年度制定预算时参考。同年 12 月，日本政府发布《政策评价基本方针》，日本政府的政策评价制度自此拉开序幕。政策评价主要应用在特定的 3 个领域的政策方面，这 3 个领域包括研究开发、公共事业和政府开发援助。采用的评价方式则以绩效评价为主，按照采用的数量依次为绩效评价、事业评价和综合评价，采用绩效评价方式的比例占到一半以上。

韩国政府主要依据科研设备对社会的开放情况来确定投资对象，将科研经费优先投资给信用度高、效益好的科研机构。其他国家也在积极地建立完善的绩效考核机制，建立相关的问责制，对负责人和研发资源的利用进行有效的监督，确保研发资源管理的有效性和国家财政投资的合理性。如奥地利能力中心只有每季度向所有合作单位和拨款部门提交工作报告，才能继续得到下一季度的拨款。

3.2　国外科技基础条件平台建设与发展采取的具体措施

3.2.1　持续充足的经费投入保障

自 20 世纪 90 年代以来，世界各国采取各种措施来加强本国科技公共服务平台的建设和公共财政支持。美国国家科学委员会（NSB）每年向预算部门提出"制订跨部门计划和战略来确定跨部门的科研基础设施优先发展顺序"的建议。美国政府实施国有科学数据完全开放与共享国策，财政设立专项资金连续支持数据中心群的建设，并利用法律手段保障其信息畅通。1993 年，克林顿上台不久，即实施《国家信息基础设施》计划。美国联邦政府在其 R&D 总投入中，专门列支"研发设施"一项；能源部每年支持其所属的 30 个国家实验室的经费达 70 亿美元，国家科学基金会 2004 年的预算中，有 25% 的资金用来发展科技基础设施条件建设和改善。每年还有占年度国民总收入 8.22% 的资金投入，用于信息和通信基础设施建设的完善，促进数据的网络化，加快信息和知识的传播。

3.2.2 制定完善的政策法规和管理办法

美国国家级科学数据共享的总体思路是将"完全与开放"的数据共享政策作为美国联邦政府在信息时代的一项基本国策。美国国家科学基金会制定了《设施监管指南》，美国农业部制定了《研究设施法》等，为仪器设施的科学、合理化管理、使用效率的提高奠定了制度基础。在英国，早在 20 世纪 40 年代就对实验动物实施法制化管理，美国也相继颁布了《实验动物保护与管理法规》等，并成立了非营利性的实验动物设施认定协会，使实验动物设施的认定工作和实验动物的使用逐步纳入法制化轨道。美国航空航天局（NASA）的《设备管理指南》中规定，对于各个部门的雇员使用的所有设备，部门负责人要保证对这些设备的丢失、损坏或破坏迅速调查，并进行评价以免再次发生。对一些公益性质的科技资源，如科技图书、期刊等，美英等国均建立了强制性呈缴本制度，以保证国家所掌控科技资源的完整性，便于国家一旦因为国家战略或国家安全需求而引起的对相关科技资源的需要。

3.2.3 加强研发资源的整体布局和协调管理

北美、西欧等一些国家，通过制定具体的、正式的国家科技计划或规划来加强对研发资源的协调管理。美国政府利用财政、经济、法规等手段推动科研资源的全面共享。美国 1995 年 9 月颁布的《联邦实验室改革指导方针》，要求有关部门"协调实验室资源和设施，提高实验室资源的利用率"；美国国家科学委员会（NSB）每年还向预算部门提出"制订跨部门计划和战略来确定跨部门的科研基础设施优先顺序"的建议。英国科技办公室制定的《大型研究设施战略路线图》规定，能够和其他机构共享的仪器设备，无特殊情况，严禁再次购买。美国、欧盟、日本等国家和地区早在 20 世纪就开始了对国有科学数据共享的研究，并通过相关立法规范和保障科学数据共享系统的正常运行。

欧盟制定了"欧盟跨国使用研究基础设施计划"，明确规定重大研发设施和仪器允许联盟其他国家使用，以保障耗资巨大的科研实施和仪器能够得到充分使用，提高了仪器的使用效率。另外，很多国家都规定，政府出资或资助购买的设备向政府部门或公益性科研机构开放时，应采取免费或低收费原则，供公众使用。

3.2.4 重视研发平台的基础设施建设

日本于 1997 年开始实施"知识基础建设推进制度"，重点在以下几个方面进行建设发展：（1）大幅度提高国立研究人员计算机拥有量；（2）实现 101 个国立研究机构之间及与美国、韩国等亚太高级研究信息网络（APAN）的大容量高速数据交换；（3）于 1998 年建成了全国规模科研专用的超高速光通信网，全国设 45 个接点共同利用 5 个专用设施；（4）建成了全国学术情报网；（5）加大了科研数据库建设力度。

韩国加强研发平台基础设施的具体措施有：（1）增加基础研究的投入，更新大学科研设施；（2）加强基础研究队伍建设，在大学增设基础研究中心，扩大国际学术交流；（3）指定国家重点研究室从事生命科学、信息、原子能、新材料、航空航天等领域的基础应用技术开发。

3.2.5 充分发挥企业的主力军作用

西方发达国家充分调动和发挥企业在科技基础条件开放共享方面的主力军作用。国外政府主要在以下几个方面充分发挥企业的作用：（1）鼓励企业积极参与研发平台建设。政府鼓励企业参与研发平台建设，必要时与企业形成战略合作联盟，如美国政府与三大汽车制造商形成的"新一代汽车合作计划（PNGA）"战略联盟；日本通产省联合富士通、日立等公司组成的大规模集成电路技术研究联合体（VLSI）等。（2）充分吸收企业的资金。如韩国研发投入中，企业投入所占比例比较高，以 2005 年为例，企业研发投入占研发总投入的 75%。（3）鼓励企业与大学或研究机构相互合作，实行"产学研"合作模式。如欧盟框架计划很重视企业在研发中的地位；英国的合作研发项目促进企业和研究机构共同合作；韩国的产学研合作模式最为成功，称为"韩国的硅谷"的大德科技园是政府、民间、大学相互合作成功的典范。

3.3 国外科技基础条件平台建设的主要经验

科技基础资源是用于探索未知世界、发现自然规律、实现技术变革的复杂科学研究系统，是突破科学前沿、解决经济社会发展和国家安全重大科技问题的技术基础和重要手段。近年来，科技基础条件设施规模持续增长，覆盖领域不断拓展，技术水平明显提高，综合效益日益显现。科学研究正在走向数字化、密集化、开放化，数字技术的进步正不断加强科研数据的用途和影响。科学数据的开放共享是一个复杂的系统工程，数据的产生与汇交、数据的保管和使用、数据的评价和监管、数据共享的保障等多方面，都需要利益各方的配合与支持，这些利益各方必须面对和适应科研数据带来的新挑战。

3.3.1 确立国家科技基础设施发展战略地位

欧盟制定的"地平线 2020"（Horizon 2020）研发创新框架计划，明确提出欧盟共同体及欧盟成员国，必须加速完善科研基础设施建设，其中包括在线配套基础设施建设；要科学统筹和优化科技基础资源的配置；加强科技基础设施条件和完善产学研之间的密切关系，推进和加速欧盟现代经济社会的持续进步。美国在 2010 年的《规划数字化的未来：美国总统科学技术顾问委员会给总统和国会的报告》中指出，科学数据正在呈指数级增长。科技数据增长速度之所以如此之快，原因是多方面的。现代信息高速发展，经济社会中发生的几乎所有活动的产生形式，都是数字化的。各式各样传感器的剧增，高清晰度的图像和视频，都是引起社会数据爆炸的原因。面对扑面而来的各种数据，如何收集相关数据、如何管理数据、怎样分析数据、如何高效利用数据等正在日渐成为我们网络信息技术研究的重中之重。以机器学习、数据挖掘、深度学习等为基础的高级数据分析技术，将促进从数据到知识的转化、从知识到行动的跨越。该报告要求美国联邦政府的每一个机构和部门，都需要制订一个应对"大数据"（Big Data）的战略措施。

在 20 世纪 90 年代初期，美国政府就确定美国要在 21 世纪，实施其科技水平和综合国力在国际上处于领先地位的战略方针，科学数据开放与共享是美国政府实施该战略最重要的保障条件。为了保障美国在信息时代始终处于领先地位，美国政府将地球科学与国家利益紧密结合起来，设立了长期的、跨部委的"美国全球变化研究"项目。1990 年 11 月 16 日，美国国会通过了《全球变化研究法案》。在这个法案中，明确规定涉及该项目的政府部门包括国务院、科学基金会、航空航天局、海洋大气局、环保局、能源部、国防部、内务部、农业部、交通部、司法部、管理与预算办公室、科学与技术政策办公室、环境质量局、国立卫生研究院等。1991 年 6 月,美国总统事务办公厅发布了《全球变化研究数据管理政策》。该政策的核心内容是实行"完全与开放"的科学数据共享政策。1993 年 7 月,美国总统事务办公厅管理与预算办公室,发布 OMB 第 A-130 号通告(《联邦政府信息资源管理通告》),将开放科学数据、促进数据共享政策扩展到联邦政府部门拥有、产生的科技数据,以及联邦政府资助的科研项目产生的科学数据,并全部纳入到了美国国家科学数据管理之中。美国政府通过促进科学数据共享,建立起强有力的科学研究基础保障条件,用以确保美国在 21 世纪国家发展和科技发展战略目标的实现。历来注重科技信息公开立法工作的美国,形成了以"完全与开放"为核心的法律体系,并随着世界经济和发展环境变化,进行不断的修订和调整,以适应新形势、新要求。

不仅仅美国将科技基础条件设施开放共享上升为国家战略层面,其他西方发达国家同样将科技基础条件设施开放共享政策,作为本国 21 世纪科技和综合国力发展的战略国策。为了实现这一战略性国策,西方发达国家通过立法的形式强制要求科技基础条件平台信息向社会公开共享。为了提升政府效率以及享受政府数据公开、开放带来的社会福利,发达国家政府将资源信息作为一种资产,把数据资源管理贯穿其全生命周期,以促进并保障科技基础条件开放共享的有效实施。并且在可能和法律允许的任何情况下,确保以多种方式让科技数据向公众发布,让各种数据易于被使用者发现、获取和有效利用。德国颁布了《信息和通讯服务规范法》,法国出台的《法国的信息社会法》等都是保障本国科学资源开放共享政策的实施。2012 年欧盟委会发布一项政策文件,要求所有由欧盟公共资金支持的研究项目,必须公开其研究结果及各种数据信息。

3.3.2 组建各种科技基础条件设施科研联盟合作组织

在过去的十年间,发达国家已在科技基础设施建设开放共享方面投入了大量资金,目前已在这些领域积累了许多经验,取得了一些创新成果。发达国家在注重本国科技基础条件开放共享的同时,积极努力提高科研基础设施条件共享效率,通过各种合作方式,组建跨学科、跨技术、跨领域、跨国家的科技基础设施条件科研联盟,提高科技资源利用率,优化科技资源配置,进一步提升国家科学研究的国际化能力和水平。

随着社会信息化的高速发展，学科内的碎片化、跨学科以及跨越项目、机构、地区等组织界限的科学研究越来越多，而且许多科学领域都有对科学数据的管理和操作，从而使它们无须新的、高度自动化的过程就可重用。发达国家意识到，在未来几十年内，这些存在于科学界内外的科技数据的发展趋势是需要有新的方法来管理这些数据。欧盟提出了应在富有挑战性的多学科领域创建关键的公共以及私营部门的合作联盟，为启动知识加速联合、开放分析平台以及鼓励更多加入者提供关键条件。

2012 年，为了促进科技基础设施建设的国际合作，欧盟、美国和澳大利亚政府共同倡议发起成立全球科研数据联盟（Research Data Alliance，RDA），借此来促进该领域的科技基础设施建设的国际合作。科研数据联盟是一个草根组织提出来的，是采取自下而上的形式提出的正式的协议、规范、运行的代码，该数据联盟源于科研数据从业人员，并服务于科研数据从业人员。2013 年，G8 国家共同签署了"开放数据宪章"，该宪章要求，在 2015 年年底之前，按照"开放数据宪章"五个基本原则，G8 国家采取开放数据的行动。例如，公共数据应该是"默认"向所有人开放，而不是只在特别情况下开放。科研数据联盟将积极努力，促进科技数据的国际合作以及科学数据共享所需的基础设施建设。截至 2014 年 12 月 31 日，该数据联盟已有来自 92 个国家的 2538 名成员。

RDA 解决以下问题：

（1）需要什么样的基础设施来处理这个数据丰富的学科？

（2）如何迅速在相应实验室找到所需数据？

（3）如何管理权限、隐私和对数据的适当访问？

（4）需要哪些新的软件工具来分析这些数据？

（5）如何改善科学应用中的计算机仿真？

（6）如何保证科学数据不会丢失或损坏？

RDA 的目标是研究者和创新者公开分享跨技术、跨学科和跨国数据，解决上述问题和其他巨大的社会挑战。RDA 的使命是建立促成数据共享的社会和技术桥梁，通过创建、采纳和使用社会层面、组织层面和技术层面的基础设施，来减少数据共享和交换的障碍。

RDA 目前已经与国际科技数据委员会（CODATA）、世界数据系统（WDS）共同成为主要国际科学数据合作组织。RDA 成立三年来，以促进国际数据交换，推动数据驱动创新为使命，以支持工作组、兴趣组的方式推动科学数据政策、标准、技术研究和数据共享实践活动，汇聚了一大批数据科学家参与数据管理共享工作。

RDA 已经在数据出版、数据基础设施建设、元数据标准、数据引用以及数据共享利用等方面取得了可喜的成果。对数据共享知识产权保护、数据唯一标识、数据服务全球气候变化、数据分析、数据存储政策、数据质量控制等方面，开展了富有成效的研究和探索，对推进全世界范围内科学数据管理和共享工作起到了积极的作用。

为了整合共享科研资源，欧盟每年拿出大约 870 亿欧元用于公共研发及相关科技资源和设施建设，以促进欧盟研究区建设和成员国科技资源的优化配置。为了加快科技成果转移并提高欧盟创新能力，欧委会 2012 年通过了欧盟及成员国科技资源共享的决定，目的在于促进欧洲科研基础设施开放。欧盟首先开展了相关的前期工作：先是与欧洲科学基金会合作调查，形成了《欧洲科研基础设施的趋势：基于 2006—2007 年度调查数据的分析》报告，建立了科研设施存量的在线数据库平台；在此基础上，进一步开发了基于互联网的欧洲科研设施地图系统。2013 年 3 月 22 日，欧委会在互联网上首次发布了欧洲科研基础设施（RIS）地图。该地图的发布对于促进欧盟科研基础设施共享，提高这些设施的使用效率具有重大意义。

欧洲科研基础设施地图是欧盟科技资源共享计划的重要组成部分，欧洲科研基础设施地图是一种促进科技基础设施共享的新的管理手段。欧盟共同体希望通过此举，可以方便欧洲科技人员开展研发创新活动时最大限度地使用欧洲研发创新科研资源，从而拓广研发创新的视野。首批公布的对外科研基础设施 800 座，均得到过欧盟及成员国公共财政的资助，其中欧盟研发框架计划（FP）资助的科研基础设施 80 座，成员国国家科技计划资助的 720 座。欧盟科研基础设施对外开放数量排在前 5 位的成员国分别为：德国 137 座、法国 121 座、英国 104 座、意大利 85 座和荷兰 63 座。根据欧委会 2012 年通过的欧盟及成员国科技资源共享的决定，欧委会进一步督促成员国加速科研基础设施对外开放的步伐，欧盟未来研发框架计划"地平线 2020"（Horizon 2020）资助的科研基础设施，将自动纳入对外开放的欧洲科研设施分布图。

3.3.3 根据项目投资渠道采取不同的分类运行管理机制

美国政府在科学数据管理方面，根据投资来源的不同，严格区分两种不同的数据共享管理机制。在这两种管理机制中，美国联邦政府均起到主导的作用。

所不同的是采取的方式和管理的环节不同。两种机制互相补充，共同促进全社会对科学数据的获取、共享和广泛应用。美国除了对危及国家安全、影响政府政务和涉及个人隐私的数据和信息实行强制性保密外，其余的各种数据和信息均纳入开放共享管理的范畴。

根据科学数据拥有、产生和来源的渠道，采取不同的运行管理机制。国有科学数据采取"完全与开放"数据共享政策和公益性共享机制，私有科学数据则采取自由竞争政策和市场化共享机制。政府拥有、产生和政府投资项目研究产生的数据管理，纳入到"完全与开放"共享管理机制；私营公司投资的科学研究项目产生的数据管理，纳入到市场经济社会"平等竞争"市场化共享管理机制。

政府拥有、产生和政府资助科研项目产生的数据，纳入到"完全与开放"共享管理机制。例如，美国海洋与大气局、地质调查局、国立卫生研究院等国家政府单位拥有和产生的数据，科罗拉多州立大学国家冰雪数据中心等国家政府资助产生的数据，以及政府资助的大学和研究机构研究项目产生的数据均纳入到"完全与开放"共享政策管理机制。在该机制保障下，科学研究人员以及社会各个阶层人员，在使用以上各种科技数据时，均可以出不高于工本费的费用，以最方便的方式、无歧视地得到需要的科学数据。而且，国家提供技术培训和资助经费，来提高和帮助他们正确使用科技数据的方式方法。

私营公司投资科研项目产生的数据，纳入到"平等竞争"市场化共享管理机制。例如，空间影像公司和数字地球公司是两个私营公司，这两个公司均从事高分辨率遥感数据的获取和发布业务工作。空间影像公司以经营 1 米分辨率的遥感数据而闻名于世界。但是，美国政府又批准了数字地球公司发展经营 61 厘米分辨率的卫星遥感数据。这两个公司在很大程度上工作有重复，且公司所在地也邻近。美国政府对这两个公司均发放许可执照。国家采取鼓励平等竞争的政策，通过市场竞争的方式降低科研数据价格，达到促进数据开放共享的目的。在数据使用过程中，国家是通过税收进行调节和控制。虽然科学数据由于投资来源的不同，美国政府对其采取了两种不同的管理机制，但是，美国政府在管理私营公司产生的科学数据时，也不是采取放任自流的方式，而是在这两种不同管理机制中，美国联邦政府均起到了主导的作用。这两种机制互相补充，共同促进全社会对科学数据的获取、共享和广泛应用。

国有科学数据共享管理保障体系核心部分的主要内容包括：国家对科学数据

开发与共享管理给予经费投资；建立和健全与投资相配套的科学数据共享政策法规体系，由国家法律、国家规定及行业部门规定；制定科学数据的各种标准，强化科学数据质量，为科学数据的应用提供技术服务；国家通过建设国家级数据中心群和数据共享网，保障科学数据源源不断地产生和共享渠道的畅通。

政府采取不歧视政策鼓励全社会，以工本费的价格使用数据，当然也包括私营公司使用数据。工本费的价格是指不超过数据复制和传递过程中产生的费用。国家通过投资和立法的方式，在加强对国家投资给医院、大学以及非营利性研究机构科研项目产生的科学数据进行管理的同时，也对科学数据质量和数据的标准进行科学化、规范化管理。

3.3.4 政府部门与科技人员共同合作，有效解决科学数据共享过程中出现的问题

科学数据的共享是一个复杂的系统工程，从数据的产生与汇交、数据的保管和使用、数据的评价和监管、数据共享的保障等多方面，都需要利益各方的配合与支持。这些利益各方构成一个利益共同体，这个利益共同体之间的协调配合与彼此之间的相互支持决定了科学数据开放共享的发展。

科研人员是科学数据利益共同体之中一个非常重要的要素。科研人员做科学研究时，既要使用大量科学数据，同时在做科学研究的过程中也会产生大量科学数据。科研人员与政府紧密结合有利于解决科学数据共享中不断出现的新问题。科学数据共享涉及科学、技术、政策、管理及交叉学科等许多方面的问题，政府与各个领域科学家紧密合作是科学数据共享的关键问题之一。美国政府通过科学技术数据顾问委员会、科学技术数据共享论坛、科学数据共享研究项目等多种渠道沟通国家政府与科学家之间的关系，加强多方面、多领域之间的合作，妥善解决科学数据共享遗留的历史问题，及时发现和解决科学数据共享中出现的新问题，有利于解决科学数据共享工作中出现的科学、技术、政策、管理等交叉问题。

在科研人员和政府合作共同开展科学数据开放共享工作时，科学数据管理服务中采取的合作机制也非常关键。国外图书馆在开展科学数据管理服务时大多采取合作机制，强调学科馆员与科研人员的密切合作。如美国康奈尔大学图书馆的分布式数据存储库（DataStar）项目，由学科馆员协助科研人员管理科学数据。2006年，该馆成立了数据工作组，与学校其他数据中心进行合作，提供科技数据服务。

麻省理工学院图书馆将合作扩展至馆外和校外，与加利福尼亚大学和圣地

亚哥大学的科研团队进行合作，对6门理工科的数据管理进行探讨。普渡大学图书馆的分布式数据监护中心（D2C2）项目，则通过学科馆员与计算机科学以及其他学科专业学者的合作，共同建设数据存储库，开发元数据搜索和数据管理流程服务等。伊利诺伊大学图书馆与科研人员以及信息管理研究生院进行合作，完成了一个为期2年的数据管理项目。

3.3.5　高效的人才战略培养体系，帮助用户提高数据管理能力

科技基础条件平台建设的关键是人才，西方发达国家非常注重人才培养与引进，投入大量资金对科学数据专业人员提供相应的培训，提高他们的数据素养。从大数据中挖掘数据的智慧和价值，需要统计和机器学习方面的专业数据分析人才，发达国家具有将科学数据和分析转化为成功商业计划的能力。此外，鉴于科学数据在人类知识和研究领域的普遍存在性，发达国家从高中到大学的各级教育阶段开始向学生普及科学数据的科学元素。为了帮助并提高民众使用科技数据的能力，发达国家政府不仅加强对科学数据共享服务人才队伍建设的管理，而且还加大了科学数据应用技术的培训和服务的力度，许多发达国家的图书馆承担起了培养优秀科学数据管理者的责任，为图书馆员和科研人员提供相应的培训。明尼苏达大学图书馆对校园科学数据基础设施需求进行调研，开发了数据服务模型，并开展科学数据管理政策与方法的讨论与教育，成立科学研究网络基础设施联盟，开展数字保存服务等。哥伦比亚大学图书馆提供了空间地理数据和数字统计数据的管理服务，空间地理数据包括纽约市、美国、世界其他地区的地图、人口、交通等信息，而数字统计数据则包括经济、贸易、财政、社会等方面的统计数据。

美国伊利诺伊大学图书馆和信息科学研究生院按照数据监管教育计划（DCEP），在2007年季招收了5名学生，开设"科学数据管理基础"课程，2008年招生人数扩大到10名，并开展了面向数据管理者的教育培训项目。美国雪城大学图书馆在2008年开展了实习和培训项目，培养数据管理者，并向优秀的数据管理者提供一个为期2年的硕士教育项目。此外，该馆还将信息素养教育和科学数据管理的教育相结合，其"科学数据素养"项目就是在NSF的资助下，为各专业新生提供科学数据管理类课程，并通过网络共享课程内容。美国北卡罗来纳大学数字管理课程项目由博物馆与图书馆服务协会资助，开发相关的硕士研究生层次的课程，该项目将科学数据的关注点扩展到了文化产物与记录、文化遗产、教学资源等。其第二阶段DigCCurr II已开发科学数据管理博

士研究生课程和教学网络。Data ONE 与地球科学信息合作伙伴合办初级数据管理短期课程，内容涵盖数据生命周期的各个方面，包括数据管理规划、数据收集、质量控制和保证；元数据和数据说明；数据集成和分析数据等，主要针对数据管理者或从事地球环境科学的研究者。

德国的数字资源长期存取知识网络 NESTOR 项目，在马尔堡大学开设记录管理硕士课程，作为数据教育计划的试点。ICSU 的数据与信息战略委员会在 2011 年工作报告中，亦建议在高校开设科学数据领域课程，并以美国伦斯勒理工学院为例做了说明。英国 DCC 于 2011 年夏季至 2013 年春季与 18 所高等教育机构密切合作。DCC 还提供一系列技术解决方案、数据管理工具，并协助有关机构开展数据支持服务，提供学习资源及培训，帮助用户提高数据管理能力。

3.3.6 政府强有力的政策支持体系

在科技平台的共享方面，国际社会以美国、欧盟、日本和印度等国家和地区为代表，近年来奉行共享战略，建立和完善以共享为核心的政策法规制度体系，并已经形成了一整套完善的法律政策共享规范。

世界各国通过立法的形式强制要求科技平台信息公开。例如，德国颁布的《信息和通讯服务规范法》，法国的《法国的信息社会法》，都是用来规范和强制要求对科技基础设施条件的数据进行开发共享。美国政府历来注重对科技信息公开的立法工作，形成了以"完全与开放"为核心的法律体系，较早制定了《美国联邦信息资源管理法》，并随着环境的变化进行不断的修订和调整，2013 年 5 月奥巴马政府发布了新的《政府信息实现开放共享》法规。为了提升政府效率以及政府数据向公众开放带来的社会福利，政府信息作为一种资产，管理贯穿其生命周期，以促进开放共享。并且在任何可能和法律允许的情况下，确保以多种方式让数据向公众发布，让数据易于被发现、获取和利用。

2012 年，欧委会发布一项政策文件，要求所有由欧盟公共资金支持的研究项目，公开其研究结果及数据信息。欧盟"地平线 2020"（Horizon 2020）研发创新框架计划，要求欧盟及成员国必须加速完善一流的科研基础设施建设（包括在线基础设施建设），统筹和优化科技资源的配置，加强和完善产学研用的密切关系，推进和加速欧盟现代经济社会的持续进步。

3.3.7 积极主动吸收国外的科技数据

在科学技术飞速发展的新时期，以"数据密集型科学研究"为显著特征的科研"第四范式",已逐渐成为科技发现最重要手段之一,创新性的科研成果依赖于对科学数据的全面收集和准确利用。科学数据资源的占有、配置、开发与利用,成为决定国家科技创新能力的关键。科学数据中隐藏的信息是解决许多社会问题、商业问题和科学问题的关键,世界各国及相关机构都在积极吸纳各类科学数据资源,并且加大了对全世界范围内的科学数据的收集,挑战将海量的杂乱数据转化为知识和智慧这项极富挑战性的任务。

国外权威数据中心(库)占领科学数据存储高地。科学数据中心(库)是科学数据存储和利用的重要基础设施,是科学数据存储的重要载体。通过论文发表、数据发表、国际合作等方式流出的科学数据普遍存储至权威数据中心。发达国家普遍重视科学数据中心(库)的建设与发展,很早就开始了一系列的部署和建设活动。全球著名的权威科学数据中心(库),如基因序列数据库"基因银行"、医药领域的开放数据仓储 Dryad 以及综合性科学数据库"数据分享"等,均由欧美发达国家所建立。以"基因银行"为例,在《自然》杂志发表论文有明确规定,关于基因测序数据必须汇交到指定数据库,以此作为文章发表的门槛,"基因银行"已整合大量世界高水平的基因序列数据,成为世界权威的基因序列登记库。

全球知名的"开放存取知识库目录"(OpenDOAR),提供了全球最全面和最权威的科技资源存储机构列表,包含全球 50 多个科技领先国家共 14 类科技资源的相关信息。通过统计 OpenDOAR 中与科学数据相关的存储机构分布情况,发现被开放社会研究所(OSI)、联合信息系统委员会(JISC)、大学学术图书馆联盟(CURL)、欧洲学术出版和学术资源联盟(SPARC Europe)等国际组织认可的全球权威科学数据存储机构共有 167 家。其中,美国机构有 57 家,占比超过 1/3,英国机构有 26 家,加拿大机构有 9 家,澳大利亚机构 8 家,日本机构 7 家,德国机构 5 家,法国机构 5 家,意大利机构 3 家,而中国被认可的权威科学数据存储机构仅有中科院寒区旱区科学数据中心和清华大学开放存取知识库 2 家。

4 国外开放资源发展态势

4.1 国外政府开放数据的特点

自 2009 年美国数据门户网站 data.gov 上线以来,开放数据运动在全球范围内迅速兴起。通过开放政府数据，可以提高政府透明度，提升政府治理能力和效率，更好地满足公众需求，促进社会创新，带动经济增长。

综观世界各国开放数据现状，国外政府数据开放的主要特点总结如下。

4.1.1 国家立法强制执行，利用工作机制促进数据开放共享

发达国家为开放数据建立了法律政策体系，对国家数据进行强制公开，并辅助其他各种配套法律政策。这些法律政策包含核心法律、配套法律及相关政策文件。例如，美国的核心法律是《信息自由法》和《文书削减法》，与之配套的政策有《透明和开放的政府备忘录》《信息自由法备忘录》《开放政府指令》及2009年后颁布的一些总统令政策文件；在英国，核心法律是《公共部门信息再利用规则》与《自由保护法》，2010年及此后的《总理卡梅隆向政府部门发出的信》《英国公共部门信息原则》等为相关配套政策。

美英两国科学数据法律法规建设体系较为完备，主要围绕下面3个方面的内容：

（1）法律法规赋予了公众居民政府数据的使用权。

（2）法律法规是设计政府数据开放的各种原则规定。

（3）用来具体规定政府数据开放的范围。

为缩短数据提供者、使用者接受开放理念的时间，发达国家通过举办数据竞赛，使数据开放成果可视化，助力推动开放的舆论氛围。例如，在data.gov上线之初，美国通过阳光基金会举办的程序员公共数据开发大赛，收到47件应用程序，并对其中的经典进行了相关报道，以此作为游说联邦政府机构开放更多数据的"武器"。

在完善开放数据服务方面，美英两国还建立了数据反馈与改进机制。根据这些机制借助公众的力量，对科技数据提供者进行各种监督。美国的数据开放工作机制较为简单，在政府统一的数据门户上设"联络"专栏。公众可通过"联络"专栏在线留言、发送邮件等方式提出意见或建议、反馈，政府部门对此做出处理决定。英国在此基础上进行细化管理，在数据评估方面，设置评估的内容为经济效益、社会效益、社会服务效益、与其他数据集的潜在关联、其他关键数据，分别对这几方面的内容给出5级评分设计，进行相关评价，并撰写评语；在数据请求之上，由开放数据用户组来承担数据处理、转达、反馈公众申请的任务，它们的处理状态及数量是公开透明的，在data.gov.uk上以图表形式展示。

4.1.2　主动承诺开放国家数据资源，建立各种联合、联盟合作

全球开放数据运动始于美国。2009 年 1 月，美国总统奥巴马签署了《开放透明政府备忘录》，要求建立更加开放、透明、参与、合作的政府，体现了美国政府对开放数据的重视。同年，数据门户网站 data.gov 上线，美国联邦行政管理和预算局（OMB）向白宫提交了《开放政府令》并获批准，全球开放数据运动由此展开。

2011 年 9 月 20 日，巴西、印度尼西亚、墨西哥、挪威、菲律宾、南非、英国、美国等八个国家联合签署《开放数据声明》，成立开放政府合作伙伴（Open Government Partnership，OGP）。截至 2014 年 2 月 10 日，全球已有 63 个国家加入开放政府合作伙伴。

2013 年 6 月，八国集团首脑在北爱尔兰峰会上签署《开放数据宪章》，法国、美国、英国、德国、日本、意大利、加拿大和俄罗斯承诺，在 2013 年年底前，制定开放数据行动方案，最迟在 2015 年年末，按照宪章和技术附件要求进一步向公众开放可机读的政府数据。

从目前全球参与开放数据运动的国家来看，既包括美国、英国、法国、奥地利、西班牙等发达国家，也包括印度、巴西、阿根廷、加纳、肯尼亚等发展中国家。国际组织欧盟、经济合作与发展组织（OECD）、联合国（UN）、世界银行（WB）也加入到了开放数据运动，分别建立了数据开放门户网站。

政府收集了大量有价值的数据，通过开放数据，可以更好地了解一国的自然资源使用情况、政府开支情况、土地交易和管理情况，这些将强化政府责任，提升治理能力，有效预防腐败，还可以提高政府资金支出的效率，为大众提供更多、更好的服务选择。

正是由于意识到了开放数据带来的众多好处，美国、英国、法国等国政府纷纷发布相应的行动计划，主动做出开放数据的各项承诺，逐步开放数据资源。

美国政府在其 2013 年 12 月 5 日发布的《开放政府合作伙伴——美国第二次开放政府国家行动方案》中提出，在成功实施了第一次行动方案中的开放数据承诺的基础上，第二次的行动方案做出承诺，要让公众能够更方便地获取有用的政府数据。通过这些承诺，美国政府将按照战略资产来管理政府数据，对 data.gov 门户网站进行改进，开放农业和营养方面的数据，开放自然灾害相关数据来支持响应和恢复工作。

英国政府在其 2013 年 11 月发布的《八国集团开放数据宪章 2013 年英国行

动计划》中做出六项承诺：

一是英国将发布《八国集团开放数据宪章》中明确的高值数据集；

二是确保所有的数据集都通过国家数据门户网站 data.gov.uk 来进行发布；

三是通过与社会、机构、公众沟通来明确应该优先公布哪些数据集；

四是将通过分享经验和工具来支持国内外开放数据创新者；

五是将为英国的开放数据工作设定一个清晰的前进方向，所有政府部门将在 2014 年 6 月前更新其部门的开放数据战略；

六是英国政府将为政府数据建立一个国家级的信息基础设施。

法国政府在 2013 年 11 月 6 日发布《八国集团开放数据宪章法国行动计划》，做出四项承诺：

一是朝着默认公开发布数据的目标前进，支持高价值数据集的发布；

二是建立一个开放平台，以鼓励创新和提高透明度；

三是通过征求公众和社会意见，完善开放数据政策；

四是支持法国和全球的开放式创新。

在各国承诺中，都将公众的需求放在重要位置，通过征求公众意见逐步开放有价值的数据集。

4.1.3 建立统一的政府开放数据门户，集中开放可加工数据集

从全球范围来看，世界各国对科技基础设施条件开展科技资源开放共享的普遍做法是，建立统一的政府开放数据门户。在政府的基础设施条件科技资源数据门户网站，将可加工的数据集进行集中开放共享是各国科技数据门户网站的一个普遍做法。各国科技数据门户网站域名中都普遍带有"数据"和"政府"字样，如 data.gov（英语），datos.gob（西班牙语）等。在政府开放的数据门户网站上，重点开放的内容为可机读的科学数据集和应用程序等科技资源，有些国家的科技数据门户网站上，还设置了供开发人员参与和公众反馈的专栏。

政府开放数据门户网站，数据开放以行政等级为主线，如美国和英国行政统筹管理，通常要求中央政府强制开放，并以全国统一门户提供数据服务；对于地方政府科技数据等是否开放不做统一规定。如果地方政府同意开放可加入国家的统一门户网站，或地方政府自行建立开放数据网站。例如，美国的联邦政府及分支机构、英国的内阁部门必须参与国家开放共享行动，其数据集、应用的元数据统一存储到国家统一门户网站，州政府和非内阁部门等，如果愿意则可以加入国家政府统一门户并按照规定提交元数据，当然这些州和非内阁部

门也可设置独立的门户网站。

　　按照上面的部署，这些国家还设立了开放共享数据的相关机构，这些机构在其职责范围内各负其责。如美国和英国设立了公民服务与创新技术办公室，这个办公室作为 data.gov 的建设和运行维护机构。公民服务与创新技术办公室的职责是以规范的程序开放政府科技数据资源，引导 data.gov 网站成员之间相互分享最佳实践，改进服务方式和策略。联邦 CIO 委员会由联邦政府 CIO 共同组成，负责部门内外及与网站建设和运行维护机构的协调，负责网站科技数据的质量、隐私保密等事宜；公共部门透明委员会是负责 data.gov.uk 的运营部门，它要求在各内阁中设立部门透明委员会，作为其分支机构。同时，建立数据标准，向其成员展示如何基于公众需求发布相应数据。

　　但是由于国家间的差异，有些地方、部门也建立了单独的数据开放门户网站，除了在国家数据门户上整合部分州、地方政府的数据集外，美国还有 40 个州、44 个县市建立了单独的数据门户。美国的数据门户 data.gov 在 2014 年 1 月进行全面改版，截至 2014 年 2 月 10 日，该网站上共开放共享了 88 137 个数据集、349 个应用程序和 140 个移动应用，参与的部门达到 175 个。

　　新加坡采用的是统一数据门户网站 data.gov.sg，截至 2014 年 2 月 10 日，该门户网站上共开放了 68 个部门的 8733 个数据集，在全国范围内实现了科技数据整合。

　　英国除了全国统一的数据门户网站外，伦敦、曼彻斯特等地以及索尔福德市议会等 16 个地方和部门还建立了独立的开放数据门户。在英国的数据开放门户网站（data.gov.uk）上，共开放了 13 670 个公开的数据集以及 4170 个非公开的数据集。

　　各国开放的数据集以 CSV、HTML、XLS、NII、PDF 等一种或多种格式出现。美国的数据开放格式多达 46 种，其中应用最广的格式是 HTML、ZIP 和 XML 三种，数据集分别有 20 775 个、12 517 个和 11 992 个。

　　在印度，目前使用的是全国统一的数据开放门户网站（data.gov.in），共开放了 5811 个数据集，共有 58 个部门和 4 个州参与，开放了 24 个应用程序，在5811 个数据集中，以 XLS 格式开放的有 1793 个，以 ZIP 格式开放的 4 个，以 CSV 格式开放的 2087 个，以 HTML 格式开放的有 30 个，以 XML 格式开放的有1897 个。

4.1.4 政府数据开放围绕民生，广泛关注公众用户需求

美国政府门户网站中，重点开放 3 类公共信息资源。这 3 类数据资源是原始数据资源、地理空间数据资源及其应用。前两者以数据集合形式呈现，第三类应用是基于数据集的衍生增值产品。就科技数据开放的内容而言，围绕民生需求的数据在开放中比重最高、最大，关注民生需求的数据也颇受欢迎。如 data.gov 将数据集、应用，重新组织，打破科技数据来源的界限，依照资源完整性、规模大小、关注热点等建立"主题"服务。2009 年版政府门户网站主要内容，包含农业、金融等 6 个领域；2013 年改版后，政府门户网站扩展至环境、交通等 21 个领域，增加的领域中与民生相关的内容普遍增加。

数据开放运动的一个核心目的就是更好地满足公众的需求，通过政府开放数据，促进公共服务领域提供更好的数据服务，通过政府门户网站免费提供数据使用来带动科技创新，创造出一些有助于大众更好地适应现代生活的实用工具和产品。

根据八国集团签署的《开放数据宪章》，对于优先开放的高价值数据而言，主要包括 14 类数据，具体参见表 3-1。

表 3-1 《开放数据宪章》中优先开放的高价值数据

数据类别	数据举例
企业类	企业 / 公司注册信息
司法类	犯罪统计、安全
地球观测类	气象 / 天气、农业、林业、渔业、畜牧业
教育类	学校列表、学校绩效、学校数字化能力
能源环境类	污染水平、能源消费
金融和合约	合约预算、承包合约、招标信息、未来的招投标、地方预算、国家预算（计划和开支）
地理空间	地形、邮政编码、国家地图、地方地图
全球发展	援助、食品安全、土地
政府责任和民主	政府合约、选举结果、立法和法令、工资（支付比例）、招待 / 礼品
医疗卫生	处方数据、绩效数据
科研	基因组数据、研究和教育活动、实验结果

统计	全国性统计数据、人口普查数据、基础设施、资源、技能
社会流动性和福利	住房、医疗保险及失业救济金
交通和基础设施	公共交通时间表、宽带接入点

从各国开放数据门户情况来看，围绕民生需求的数据在开放数据中比重最高，也颇受用户欢迎，但是民众关注的热点与国家的社会体制和经济发展情况密切相关。例如，美国新版的数据开放门户，将原来的金融、企业、农业、海洋和安全等六大类数据集拓展至农业、消费、教育、能源、金融、地球空间、全球发展、医疗、就业和技能、公共安全、科研、气候、企业、道德、法律、制造、海洋、州、市、县等二十大类，与民生需求相关的数据集普遍增加。

在加拿大，下载量最高的 10 个数据集。其中有 9 个来自加拿大公民身份与移民局，包括永久居民的申请流程和时限、永久居民的分类、等待中的永久居民申请，等等。在新加坡，阅读量最高的数据集为人民协会总部、3G 移动用户数、各运营商 3G 移动通信服务平均速率。在印度，下载量最高的数据集为电子和计算机科学的技术发展、印度国防研究与发展组织的热成像产品、国内储蓄及构成占 GDP 现价的比例等数据集。

由此可见，政府开放数据运动已在全球逐步兴起，在国家层面统筹规划，并整合地方和部门，建设数据开放门户网站，围绕民生需求逐步向公众开放免费的可机读数据集，鼓励开发人员基于数据集开发应用程序，带动全社会创新，已成为大势所趋。

4.2　国外科学数据管理与共享的研究热点

4.2.1　科技数据开放的边界研究

在信息高度发达的互联网时代，无论是编程代码还是科技数据，只有向社会民众开放共享，才能发挥科技数据的最大效率，才可以集聚群体的智慧，才可以真正激发科技创新的力量、放射出更大的价值，真正推动经济社会的进步。

科技数据开放共享政策虽然提倡无条件开放数据，但对科技数据彻底开放也并非百利而无一害。在不同部门、不同领域、不同行业产生的科技数据，其数据开放共享表现出的重要性也是各不相同。有的部门和领域对科技数据知识产权的保护非常重要，而有的部门和领域则对开发数据分析工具的关注要胜过科技数据的保密性。

在商业价值、个人信息、安全性和国家安保四个领域中，科技数据的开放性必须要有一些合理的限制条件，数据进行有限的开放。任何情况下，要提高科技数据开放效益，都不应该逾越合理的限制条件。英国为解决这方面的问题提出了新的指导原则，采用平衡相称的方式，在国家宏观经济利益和部门微观经济利益两者之间进行衡量，决定科技数据是否需要开放。

一方面，创造激励条件鼓励个体或群体运用新的科学知识、通过所开发的产品和服务来取得经济效益和社会效益，另一方面要考虑知识广泛传播、能够以众多方式来创造性地运用知识产生宏观经济效益，在这两者之间达到一种平衡。

人们越来越觉得"数据是工商业最伟大的原始资料，可与资本和劳动力比肩"。谷歌拥有的数据比欧洲生物信息研究所和大型强子对撞机项目加起来的总和还要多，由此衍生出来数据分析行业。专门从事数据管理与分析的企业估计其商业价值超过 1000 亿美元，而且年增速几乎达到 10%，大约是整个软件行业增速的两倍。但是，企业捕获客户数据时得到的价值并不同于大多数科技数据开放共享集中时的价值。2012—2017 年，英国与数据相关的经济潜在的价值是 2160 亿英镑，其中客户情报、供应链管理等增益的六倍，全部来自于数据驱动型研发活动带来的增益。

由此可见，科技数据是否开放共享这个界限，应该和政府公共投资和私营企业投资研究项目之间的界限是一致的。私营企业维护他们数据的机密性，公共投资的科研项目应该开放共享研究项目产生的数据。当然，由于一些私营企业的商业模式运作，使得科技数据开放共享带给企业非常大的经济效益，所以西方发达国家对应该如何修改国家政策以鼓励开放共享研究数据进行有益的探讨。

最近科技数据开放共享发展的情况表明，确保数据完整性、保存数据源流记录以及让数据保持对创建人员的开放性，这些也是创建安全系统的重要动机。制定统一的、公认的标准，是制定保证科学数据管理的规章制度的基本要求。发达国家已经开始研究这样的规章制度的制定，对数据开放共享好的经验做法以及共同的安全和信息共享制度。

4.2.2 不同领域科学数据管理研究

（1）自然科学领域的科学数据管理

当今社会，自然科学领域研究中涵盖大量的实验和数据，一直存在大量的科学数据管理需求。例如，英国的处理"联网粒子物理学"实验项目的海量数据管理，科学家也高度关注如何管理自然科学领域的数据流，多项自然科学数据管理共享项目问世。例如，国际科学理事会（ICSC）建立的世界数据系统，国际科技数据委员会（CODATA）也积极参与了对国际数据共享管理的研究工作。日本 Yasuhiro Murayama 于 2012 年创立了 ICSC-DWS 的国际项目办公室（IPO）建立的太阳与空间科学的监测网络信息系统；美国的全球变化研究项目（GCRP）及全球变化数据和信息系统（GCDIS）、美国国家航天航空局主持的地球观测系统及数据信息系统等。天文、地球和环境科学、生物、医学等领域的科学数据管理研究一直是研究的热点领域。

许多研究实例表明，运行大规模的协调项目会产生一些严重的问题，如流行病学以及数据异构的问题。研究传染病的流行病学家要依赖于国家政府或机关采集的健康数据，这些数据往往通过世界卫生组织来保管。但是，数据集往往是异构的，各种各样不同信息和数据的采集几乎是没有时间规律的，而且也不能充分采集发展中地区或者发展不稳定地区的数据。要访问某些数据集，研究人员必须要依靠与私营企业或特定国家统计机关的特殊关系。"疫苗建模计划"在创建疫苗研究所用的流行病数据库以及对历史疫苗数据集的数字化方面，开展了一些探索性的研究工作。

2010 年第 22 届 CODATA 会议主题包括地球和环境、生物科学、医药和健康等自然科学数据，涉及科技数据的开发、数据挖掘 / 知识管理、数据互通与整合等多个方面。第 5 届、第 6 届超大数据库会议 XLDB 会议关注医疗、生物领域超大数据库的应用及其数据的分析、提取和云服务。XLDB Asia（2012）聚焦于超大数据库与天文数据、地理信息数据系统的技术攻关等问题。

ICSU 合并原有的世界数据中心（WDC）和天文学与地球物理学资料分析服务联合体（FAGS），并于第 29 届 ICSU 全体大会（2008）成立新的世界数据系统（WDS）。在 2012 年国际极地年（IPY）大会中，WDS 属下多个极地数据中心、气象中心等负责数据转换及存贮，参与组织多个 IPY 数据保存及共享子会议。

（2）人文社会学科领域的科学数据管理

当前，人文社会科学数据的组织、管理也逐渐成为科学界研究的新焦点。英国数据档案馆保管着英国最大的社会科学数据集合，其中，包括与历史和当代社会相关的数千种数据集合，它成立于 1967 年。该馆向英国经济与社会研究理事会以及联合信息系统委员会提供数据开放共享服务，包括经济与社会数据服务、安全数据服务、普查登记数据服务、普查门户等。这家档案馆还持续开展历史数据服务，并在数字生命周期中的各个环节执行多种研究与开发项目。

2010 年第 22 届 CODATA 会议主题为"社会科技信息：科学数据与可持续发展"，提出了人文社会科学数据的可持续发展问题；2012 年第 23 届会议主题为"开放数据和信息正在改变世界"，增加了社会科学数据与人文科学数字化等主题。第 9 届和第 10 届英国 e-Science 全体会议关注人文社会学科的数据管理以及在艺术和人文学科研究的应用，利用云计算等议题。2012 年 5 月，EMC 公司于拉斯维加斯举办第 2 届数据科学峰会，讨论社会数据在经济、政治及社会方面的作用及角色等问题。

目前，越来越多的科学数据项目呼吁实现数据跨学科、跨领域的组织和利用。2011 年，美国国家学术出版社（NAP）发布的《美国全球变化研究项目（GCRP）战略规划的评价》报告中提出，应注意收集社会现象数据并加强其与环境数据的互操作性，在此之上构建一个集成社会、生态和物理数据的观测系统。

4.2.3　科学数据管理方法与工具研究

（1）科学数据管理方法研究

随着科学数据开放共享的发展，对科学数据进行科学、规范、有效的管理，使科技数据在开放共享中发挥作用，已经引起研究者的广泛关注。

科技数据集合应当存储到合适的、得到大家公认的数据管理中心，并给出数据相应的收录号、链接或数据对象标识符（DOI），通过对科学数据的管理应当尽可能让公众方便、轻松地进行访问。将结构化科学数据库中的科学数据结合起来，现在，已经有研究者对这类协同数据库管理方法展开研究。

有研究学者用资源描述框架系统方法研究关联数据集合，采取语义分析识别数据之间的关系，解决混搭科学数据的管理方法。关联语义数据技术对科学数据进行更远更深层次的融合，通过语义数据标记特定元数据，特定元数据来推导科学数据之间的关系，自动完成数据之间的关联。2007 年万维网联盟（W3C）语义网教育与外展工作组（SWEO）推出了"链接开放数据社会工程"（Linking Open Data Community Project），通过对标识符合描述的标准化，采用相同的统一资源标识符（URI），以及通过资源描述框架（RDF）判断归属的元数据。

但有的学者认为，资源描述框架系统方法并不能解决异质关联科学数据的数据管理，应该采取其他的数据管理方法。因为元数据中使用的词汇表，由于词汇之间差异性很大，将导致整体工作词汇缺乏能力，没有办法解决数据内在的含义，结果使得关联数据网的各个部分互相孤立。有的学者提出，应该采用支撑现在尖端搜索引擎的自由文本的索引编制、针对元数据搜索等方法来改善数据管理系统。

也有研究者提出其他科学数据管理方法。Wood 提出"多层法"，即研究者根据管理需求综合采用科学数据管理系统、实验室信息管理系统、电子实验室记事本、文档管理系统、统计过程控制系统等多种工具共同开展科学数据管理。Roberts 进一步探讨了电子实验室记事本和科学数据管理系统的整合方式。Schmitt 与 Burchinal 提出建设科学数据标识系统和变量标注系统以降低数据输入错误率、加强对软件代码的人工复核以确保数据管理系统的可靠性等建议。Uribe 和 Macdonald 提出"实用法"，即数据管理人员通过访谈、嵌入研究等途径，与用户保持互信关系，审慎分析、评估用户需求，了解其研究流程及数据利用情况，促使用户在研究早期就参与数据管理工作；注重听取用户对管理系统及数据服务的评论与建议，确保数据管理的每项行动都能切实服务于研究。实用法强调用户参与科学数据管理的作用。

（2）科学数据管理工具研究

鉴于现代科技数字数据库的数量与复杂性，数据提交、筛选、摘录已经成为高难度的技术任务，无论是用于科学研究还是用于商业的各种数据，要想发挥数据全部的潜力，只有精密的软件工具才有可能高效地执行这样的任务并取得成效。

因为大部分的科技数据都是动态的，随着科学家获得更完善的新数据以及数据处理规程的升级变动等，必须有软件工具来满足科学实践变革，解决科学数据生命周期中遇到的相关问题。只有这样才可以确保关联数据库能够随时更新，而不会成为过期的数据库，数据库中的数据才可以保持"新鲜"。科学家也迫切需要有新的软件工具支持从仪器仪表或仿真工程中捕获出现的各种数据，这些数据包括数据的选择、数据的处理、数据的管理及分析以及数据的可视化。

现在研究学者开始用数学建模来管理原始科学数据，对科学数据管理中遇到的问题及现象分析进行数学建模。数学建模长期以来一直都是科学研究的一种主要工具。数学模型是对科学理论进行的某种正式的定量阐述，数学建模可以使科学家能够近似估算研究遇到的一些问题，用准确但是非定量的理论公式来解释，得出定量的预测结果和进行深入认识。

仿真技术在科学实践中得到广泛应用，已经成为理论和实验的第三种基本工具。仿真技术在协助科学家开展科学工作的同时，还改变了科学工作的开展方式与内容。仿真技术应用在科学数据管理中，从气候和地球系统科学到流行病学、从物种分布建模到免疫学等领域的科学数据进行管理。随着计算机仿真技术成为成熟的科学工作基本工具，研究实验室中就必须日渐采用较高的商业编码标准来作为规范。

科学数据管理日益需要找到更好的方式来共享和沟通模型，已经开始拟定共同标准来解决科学数据模型共享和科学数据沟通中的某些问题。例如，在生物学建模中，已经有"系统生物学标记语言"和"细胞标记语言"等格式，欧洲生物信息研究所已经掌管着一套同行评审期刊上发表的计算机生物的某些数据库。

有学者还试图将数据管理系统嵌入科学工作流管理系统之中，如 Liu 设计了以数据为中心的科学工作流管理系统，可执行数据世系信息（即源数据信息和数据演化信息）的记录、协同工作环境的创建和交互式计算等任务。

美国地球数据观测网络（DataONE）在美国国家科学基金会 NSF 资助下研发了 DMPTool，以协助研究人员创建一个通用的 NSF 数据管理计划并实现保存、预览、导出和共享功能。英国数据管理中心（DCC）研发了数据管理工具DMPOnline，用户可按其提供的模板及流程，创建项目数据管理计划，以生命周期原理创建、管理、维护项目数据。美国联邦地理数据委员会（FGDC）推出了地理空间平台，提供一站式可信的地理位置数据，并可在电子地图上直接显示。应用网格技术的科学数据管理系统也不断出现，如应用于地球科学领域的 APPA_1、适用于中小型科研机构的 DIGS、基于网格环境的数据管理系统GEDAS_2 以及能自动生成数据保存规则的分布式数据管理系统 IRODS 等。

基于数据库系统的科学数据管理研究。现行数据库管理系统仍可运用于科学数据管理。Gray 等探讨将数据库管理系统与文档管理系统集成以处理巨型文档。瑞典乌普萨拉大学数据库实验室尝试将瑞士研发的数据存储和可视化工具 ROOT嵌入其开发的多数据库系统 Amos Ⅱ 中，实现可视化数据检索功能。Ber.nard等探讨用可视化数据探索技术改进数字图书馆系统，以管理非文本的原始科学数据。Curdt 等利用整合文档管理系统、数据库系统和网络绘图软件的数据管理平台 ArcGIS Server，完成了地理空间数据的可视化组织。

基于云计算服务的科学数据管理研究。云计算服务也逐渐成为科学数据管理的工具之一。Pallickara 等证明利用网络运营服务商提供的云计算服务辅助科学数据管理是可行的。加州理工学院的红外数据处理与分析中心，在 Amazon 的云计算服务平台的基础上研发出 ontage 空间科学图像管理系统。2011 年，第 10 届英国 e-Science 全体会议提出，在科研、终端用户管理、应用程序设计方面利用云计算。2012 年，DCC 召开"数据管理与云"研讨会并形成草案，讨论了基于云技术的数据管理优势与挑战，总结出云模式下数据管理任务的适用性、适用模式及采用条件。

对不同管理工具的比较研究。研究者还对不同管理工具进行比较。如 Heyward 通过对药学实验室使用的数据管理工具的调查分析，认为当前和未来工作环境、现有设备状况、系统功能、机构经费等是选择管理工具的主要因素。Nahma 和 Zhang 创建由用户、功能、数据呈现和数据操作任务组成的评价科学数据管理工具可用性的 UfuRT 模型，比较了表格处理软件 Excel 和科学数据管理系统 Clintrial 的优劣，前者适于较小规模的数据管理，后者则更适于较大规模的数据管理。

4.2.4　关于本体和元数据在科学数据管理中的应用研究

（1）本体在科学数据管理中的应用

本体和语义网有助于实现科学数据的有效整合、语义检索和可视化显示。Li 等采用 OWL 语言定义领域模型，开发出专用于基因科学领域的数据管理系统 PODD_3。Fox 等设计的 VSTO 数据模型同时也是可扩展、重用的本体库，使太阳物理学和地球大气物理学的数据筛选工作流得到统一。Geisle 等也推出了基于参考本体的临床实验数据管理系统。Hu 等提出一种基于语义的数据整合法，以 OWL 语言建立全局语义和局部语义，通过本体映射联结两者，使数据无须从原始数据源移入本体实例。

（2）科学数据管理元数据的创建

Witt 等认为元数据有助于不同程序环境下的数据识别，进而实现数据共享。提出还需专门编写详简得当、清晰易懂的数据监护文档以帮助管理者和用户理解数据。其内容包括数据种类、产生过程、数据集实例、数据监护需求等。Greenburgh 等指出可通过创建元数据应用文档和使用基于 XML 框架的元数据表现形式，实现科学数据的跨仓储访问。Zhou 等提出以结构元数据、语义元数据和本体为工具，完善对数据空间中跨区域和跨平台数据源的查询和检索功能。

4.3 国外开放资源发展态势

4.3.1 开放资源类型和数量持续增长

2016年4月，日本国家电子学术论文服务系统提供OA授权。7月，普通微生物学会宣传开放数据。9月，巴西科技出版物门户网站实行开放获取。除了资源使用方式转变为开放获取方式，开放出版的力量也为开放资源数量的增加发挥了作用。6月，日本的《基因与环境》期刊加入BMC，启动开放出版。7月，加拿大公共知识计划（PKP）宣布启动开放获取出版合作研究，将图书馆、期刊、学术组织和出版社及其他相关组织联合到一起，建立经济上可持续的开放获取模式，实现经过同行评议的学术出版，麦克阿瑟基金会对该项目提供460 000美元的基金资助。

4.3.2 开放资源的开放程度增加

NPG的开放获取期刊默认采用CCBY4.0协议。BMC、Hindawi等完全OA出版社的全部OA期刊使用许可协议为CCBY。一些OA期刊提供期刊论文中的开放数据使用许可协议为CC0。

4.3.3 开放获取技术规范增强

国际化知识库联盟COAR启动开放仓储资源类型词表草案。在文献知识库OpenARIE指南和数据知识库OpenARIE指南之外，OpenARIE新增CRIS系统OpenARIE指南，明确了研究信息系统（CRIS）与OpenARIE之间的互操作性规范、信息交换基于CERIF数据模型、CERIF XML交换格式以及OAI-PMH协议。DOAJ更新了期刊元数据文档，数据属性从原来的17个增加到54个，扩展了包括APC在内的OA。

4.3.4 不同机构在开放获取领域的合作增加

自然出版集团和德国Springer合并，造就世界上最大、也应该是最强的科学出版商。DOAB与SciELO合作，SciELO为DOAB新增了近300本书籍。Springer和JISC达成减少开放获取和期刊订阅成本新协议，协议包含文章处理费和订阅费的综合成本。维基传媒基金会采纳开放获取政策以支持知识自由。美国标准与技术研究所（NIST）发布公共获取计划，将与NIH合作使用PMC。

4.3.5 更多国家层面上的科技基础条件开放政策出台

加拿大科技部发布 OA 政策，要求所有由三大联合资助机构（NSERC、SSHRC、CIHR）之一资助的同行评议期刊出版物都应在 12 个月内可在线自由获取。美国 NSF 发布公共获取计划，以增强源自 NSF 资助研究的科学出版物和数字化科研数据的公共获取。美国国家海洋和大气管理局（NOAA）公共获取计划。EIFL 支持斯洛文尼亚采取开放获取国家政策，斯洛文尼亚共和国政府已采取 2015—2020 年科技出版物和研究数据开放获取的国家政策。加拿大国际发展研究中心开放获取政策正式生效，该政策包括了 5 个关键性规定：项目成果对终端用户免费访问；鼓励作者以 OA 方式出版图书、发表论文；灰色文献包括技术报告、研讨会报告等必须开放存储到 IDRC 数据字图书馆；所有项目成果将以 CCBY 许可形式提供获取；向 IDRC 提供的项目研究方案必须包括开放获取传播计划。

4.3.6 学者对开放获取质量越来越有信心

2016 年 8 月，自然出版集团与麦克米伦出版社的一项针对 22 000 位研究人员的调查表明，研究人员对于 OA 出版的质量越来越有信心，2014 年有 40% 的科学家对 OA 出版物质量有所担忧，到 2015 年该数据下降到 27%。BMC 和其他出版商在保证开放出版的研究质量方面所做的工作，对该数据的下降起到一定的作用。

4.3.7 开放获取影响力继续深入

DOAB 荣获 2015 年国际图联 / 布里尔开放获取奖。学术出版与学术资源联盟与超过 85 家教育机构、图书馆、技术部门、公共利益和法律组织联盟，呼吁白宫采取行政措施，确保联邦政府资助的教育材料可作为开放教育资源自由使用、共享、完善。

5 国外科技基础条件平台建设对我国的启示

我国在科技基础条件平台建设上，一方面要充分借鉴和吸收国外成功的经验，另一方面又要结合我国实际情况，制定一系列相关法律法规，为建设具有中国特色的科技基础条件平台提供保障机制，使科技基础条件平台建设和运行有法可依、有章可循，这也是我国科技基础条件平台建设能否达到理想效果的关键所在。

5.1 建立完善的科学数据管理与共享政策是科学数据管理的有效保障

世界各国的普遍做法都是通过立法的形式，强制要求科技基础条件平台信息公开。通过建立法律政策体系，并辅助其他各种配套法律政策，来规范和强制要求本国科技基础设施条件开放共享。在科技平台的共享方面，国际社会以美国、欧盟、日本和印度等国家和地区为代表，建立和完善以共享为核心的政策法规制度体系，并已经形成了一整套完善的法律政策共享规范。

美英两国科学数据法律法规建设体系较为完备。在完善开放数据服务方面，美英两国还建立了数据反馈与改进机制。根据这些机制借助公众的力量，对科技数据提供者进行各种监督。

我国一些学科领域如地理、环境、医药卫生及专业共享平台纷纷制定各自的条例及规定，如《中国科学院资源环境科学数据中心数据共享管理暂行条例》《地震科学数据共享管理办法（试行）》等，在一定程度上与范围内促进了科学数据管理与共享的顺利进行，但与英美相比尚存一定差距。英美两国既有政府颁布的政策法规，也有科学数据服务机构、科研资助机构、期刊出版社、著作权认证机构制定的相应政策，为科学数据生产流程中较大范围内的科学数据共享提供了政策依据。

我国必须建立完善的科学数据管理与共享政策，来规范和发展我国科技基础条件设施开放共享工作。加强组织领导，强化科技基础条件资源实施，形成国家科技基础平台的强大合力和制度保障。

5.2 政府应加大对科技基础条件平台建设的资金投入，改善科技创新平台的基础条件

2013 年，我国 R&D 财政投入占 GDP 的 2.01%，落后于发达国家。日本和韩国的研发财政支出最高，处于发达国家经费投入强度的前列，分别达到 3.49% 和 4.15%。瑞典 R&D 投入经费占 GDP 的 3.30%，美国 R&D 投入经费占 GDP 的 2.81%，德国的 R&D 投入经费占 GDP 的 2.94%，也高于我国的 R&D 经费投入。由此可以得出，我国必须对 R&D 给予高度重视，增加对 R&D 的资金投入。

政府应加大对科技基础条件平台建设的资金投入，改善我国科技创新平

台的基础条件。应设立专项研究基金，支持对于战略性、关键性、公共性、公益性科学研究的联合攻关。加强科技创新平台中基础研究的力度，在继续增加国家、省基础研究投入比例的基础上，鼓励企业和社会团体以多种形式进行基础研究的投入或设立基础研究专项基金，发挥基础研究在高技术产业中的先导地位。充分利用高等学校、科研院所集中其科技与人才的优势，建设基础研究中心。

5.3　定期向社会发布科技基础条件平台信息

从世界科技基础条件平台建设模式上看，以美国和欧盟的政府引导性模式和以韩国和日本的政府主导性模式较为典型。由于国情的不同和经济发展水平的差异，外国的一些做法超越我们现在的经济能力，或与我国目前的体制不能兼容，但它们的大部分经验依然可以借鉴。

我国主管科技基础条件平台的部门应定期向社会发布创新平台重大科研项目的信息，鼓励各类研发机构参与政府重大科研和工程项目。同时，政府有关主管部门及时向社会发布平台建设情况，包括项目建设和完成情况，科研产出情况、人才队伍建设情况、经费使用情况，接受社会监督。加强数据的分类规范及其实施，将共享深入到各资源类型实际业务当中去，同时也吸引更多的机构加入到科学数据共享工作中来；建立优质科学数据资源索引目录，通过一定的评审程序，对特定数据中心的科学数据资源进行专业性评价，质量优秀的可以将元数据发布到专业的科学数据索引目录中，对其进行唯一标识的注册并实现增值利用；加强科学数据的国际化，逐步建立科学数据引用机制，推进科学数据在更大范围内获得共享和有效利用。

5.4　从体制上完善"官产学研"合作方式

我国产学研合作过程存在一些问题，比如，很多大学、科研机构和企业的合作在政府的推动下实现，没有充分考虑市场的需求情况，导致很多研究成果不能及时、有效地转化为经济成果，造成资金和人力的浪费；信息通信平台建设水平较低，造成企业和大学之间相互分割严重，交流不畅，等等。

完善产学研的合作方式，政府必须制定完善的法规政策。我国已经出台的法律和法规，如《中华人民共和国促进科技成果转化法》《专利法》及《知识产权保护法》仍不能满足实际需要，在产学研合作过程中处理一些矛盾和利益纠纷问题的依据不足。除此之外，政府要对科研能力强、经济效益好的企业给予一定的资助和鼓励，激发这些企业科研的积极性和动力。高校具有科研基础和人才实力两方面的优势，要充分发挥这些优势，加强与企业的合作，按市场需求进行科技研发。政府应鼓励企业与企业之间、高校及科研机构之间的相互合作，实现优势互补和资源共享。政府在"官产学研"合作方式上起着引导作用，从体制上完善"官产学研"合作方式。

5.5 建立完善的研发平台使用绩效考核体系

为了提高科技资源的使用效率，必须对研发平台的使用情况进行考核和评估，建立和强化相应的协调机制和激励机制，同时建立相关的问责制，对相关的责任人进行监督。每年要根据研究成果、用户的满意度、管理状况等进行考核，以考核结果决定经费支持额度，甚至相关机构和项目负责人的任免。良好的绩效考核机制能够促使负责人主动与上下级进行沟通，改进工作，提高管理水平，同时，又是对负责人的个人能力和整体素质的考评，从而达到选贤任能的效果。形成常年性基于第三方的评价机制，激励科学数据开放共享建设逐渐完善。

5.6 重视不同领域科学数据的管理与利用

英美两国不仅重视自然科学及科技领域的科学数据管理，而且也逐渐重视对人文社科与跨学科领域的科学数据的管理及共享，先后召开重要的国际会议进行研讨。而我国比较重视科技领域科学数据的管理与共享，已创建一批国家科技基础平台，如微生物资源、标本资源、国家实验细胞资源、水产种质、家养动物种质资源、林业科学数据、地球系统科学数据、人口与健康科学数据等共享平台及农业科学数据、地震科学数据、气象科学数据等共享中心。而在人文社科领域的科学数据管理则较为薄弱，因此，需要加强人文社科领域科学数据的管理与利用，对不同领域科学数据给予同样关注。

科研项目管理的专业管理团队。英国研究理事会对其功能进行准确定位，将非核心业务剥离给分享商务服务中心公司 SBS，聚焦自身核心业务，形成了推动整个科研项目申报体系运转的合力，这其实也是一种业务流程外包（Business Processing Outsourcing，BPO）。转变政府职能，简政放权，依托专业机构管理科研项目，是我国此次中央财政科研计划管理改革的一项重要举措。

建议我国在实施该举措过程中，找准模式，厘清政府部门和专业机构的各自职责和相互关系，有所为有所不为，使政府部门和专业机构的设置与运作相得益彰，最终实现科研项目的统筹规划与优化管理。

5.7　积极探讨科学数据管理与共享新技术和新方法

科学数据管理的新技术、新方法和工具，涉及数据的获取、综合、分析、可视化、散发、综合、汇交与数据互操作等。如前文所述，国外研究者对科学数据管理的方式、软件及工具的研发比较重视，推出了许多科学数据管理的软件工具，对本体技术与元数据的创建进行探讨，从技术方法上为科学数据管理与共享提供保障。我国也应当加强科学数据管理工具和技术的研发工作，为国内科学数据管理及共享提供技术支撑。

5.8　发挥图书馆在科学数据管理与共享中的作用

国外特别是美国的一些高校及研究图书馆已成功开展科学数据管理与服务实践，如美国新墨西哥大学图书馆开展的 DataONE 项目、伊利诺伊大学图书馆的 Data Curation Profiles 项目、约翰霍普金斯大学图书馆的 Data Conservancy 项目、康奈尔大学图书馆的 DataStar 项目、普渡大学图书馆 D2C2 项目等，可为我国图书馆参与科学数据管理与服务提供借鉴。我国图书馆应当重视科学数据的作用，充分利用图书馆在资源上的优势，参与到科学数据管理工作中来。

5.9　注重科学数据管理人才的培养

科学数据管理人才是数据管理与共享的关键因素，国外非常重视此类人才的培育，已成功实施了许多培育项目，如美国伊利诺伊大学图书馆和信息科学研究生院的数据监管教育计划 DCEP、美国雪城大学图书馆的"科学数据素养" SDL 项目、美国北卡罗来纳大学数字管理课程项目 DigCCurr，DataONE 与地球科学信息合作伙伴合办的初级数据管理短期课程，德国的数字资源长期存取知识网络 NESTOR 项目、美国伦斯勒理工学院开设的数据科学课程（Data Science）等。而我国目前图书情报专业课程设置中还未曾见到与科学数据管理相关的课程，科学数据管理专门人才的培育是迫在眉睫的课题。

第四章　山西省在全国科技竞争力
排名表现分析

当今世界，科学技术已经成为支撑和引领经济和社会发展的主导力量，科技创新能力不仅可以决定一个国家或地区的综合竞争力，更可以改变一个国家的经济发展模式和经济结构。我国社会经济发展进入新常态，这是对中国经济发展做出的重大战略判断。认识、适应、引领新常态是当前和今后一个时期促进中国经济持续健康发展的重要前提。

山西省一段时间内经济遭遇断崖式下滑，究其主要原因是山西省经济结构不合理。结构失衡、市场剧变，山西对结构转型发展有了更深彻的认识。山西要实现第十一次党代会上确定的发展目标和任务，在全国产业格局中重塑比较优势和竞争优势，使山西整体发展水平在我国中西部地区位次前移，在全国大局中发挥重要影响，需要依靠科技创新促进科学发展。山西省必须加快从要素驱动发展为主向以创新驱动发展为主的转变，将创新驱动发展作为山西省经济社会发展的核心战略和经济结构调整的总抓手，促进山西省经济增长方式转变和结构调整，加快形成以创新为主要引领和支撑的山西省经济体系和发展。

1　山西省在中国区域科技进步评价表现

下面以山西省研究与试验发展（R&D）经费支持情况来研究：2015年，山西省 R&D 经费支持 132.5 亿元，R&D 经费投入强度（与山西省地区生产总值之比）为 1.04%。2014年，山西省地区生产总值（GDP）为 12 761 亿元，在全国31个省市排名第 24 位，人均 GDP 为 3.5 万元，居全国第 24 位。

万人 R&D 人员为 14 人年，居全国第 22 位；R&D 研究人员 26 443 人年，居全国第 19 位；万人 R&D 研究人员 7 人年，居全国第 19 位。

R&D 经费内部支出 152 亿元，与 GDP 比值为 1.2%，居全国第 16 位；地方财政科技支出 54 亿元，占地方财政支持的比重为 1.8%，居全国第 12 位；规模以上工业企业 R&D 经费支持 125 亿元，占主营业务收入的比重为 0.7%，居全国第 15 位。

高技术产业增加值 170 亿元，占工业增加值比重为 5.2%，居全国第 24 位；高技术产业出口额 37.63 亿美元，占商品出口额比重为 32.4%，居全国第 9 位。

万人发明专利拥有量 1.8 件，居全国第 19 位；万人科技论文数 2 篇，居全国第 23 位。

科技促进经济社会发展指数排在第 9 位，比上年上升 2 位；科技活动产出指数和高新技术产出化指数分别排在第 18 位和第 26 位，均比上年上升 1 位；科技活动投入指数排在第 15 位，比上年下降 1 位；科技进步环境指数排在第 22 位，比上年下降 3 位，位次下降的原因主要是科技人力资源位数、科技意识位数下降太大。

表 4-1 是山西省 2013—2015 年区域综合科技进步水平各级评价指标数在全国的排位情况。

表 4-1　2013—2015 年山西省区域综合科技进步水平各级评价指标数排位与全国水平比较

指标名称	评价值				位次		
	2015 年		2014 年	2013 年	2015 年	2014 年	2013 年
	山西	全国平均值	山西	山西			
1. 科技进步环境	47.67	62.23	49.27	44.47	22	19	19
1.1 科技人力资源	66.36	84.59	67.15	64.13	20	17	18
万人 R&D 人员数	13.70	—	13.72	13.16	22	19	18
万人大专以上学历人数	984.73	—	1071.63	953.57	21	14	15
1.2 科研物质条件	38.65	46.54	41.73	32.15	19	18	23
科研和技术服务业新增固定资产所占比重	0.46	—	0.44	0.36	23	23	23
1.3 科技意识	31.78	48.11	32.97	30.56	24	19	22
万名就业人员专利申请数	9.42	—	11.33	10.08	23	16	16
有 R&D 活动企业所占比重	7.99	—	8.22	5.74	23	22	27

指标名称	评价值					位次		
	2015 年		2014 年	2013 年		2015 年	2014 年	2013 年
	山西	全国平均值	山西	山西				
2. 科技活动投入	54.46	65.07	56.38	51.00		15	14	15
2.1 科技活动人力投入	94.56	91.21	94.89	92.42		9	8	7
万人 R&D 研究人员数	7.40	—	7.90	7.25		19	17	16
企业 R&D 研究人员所占比重	60.47	—	61.05	56.74		9	8	9
2.2 科技活动财力投入	37.28	53.87	39.88	33.25		16	15	16
R&D 经费支出与 GDP 比值	1.19	—	1.23	1.09		16	16	16
地方财政科技支出占地方财政支出比重	1.76		2.05	1.21		12	10	16
企业 R&D 经费支出占主营业务收入比重	0.70		0.67	0.59		15	15	16
3. 科技活动产出	35.43	73.11	30.39	19.75		18	19	23
3.1 科技活动产出水平	35.63	68.00	21.33	17.52		20	25	22
万人科技论文数	1.91	—	1.54	1.39		23	26	25
获国家级科技成果奖系数	3.80	—	1.12	0.76		8	26	24
万人发明专利拥有量	1.76	—	1.47	1.23		19	19	19
3.2 技术成果市场化	35.11	80.76	43.97	23.08		17	17	20
4. 高新技术产业化	43.48	55.70	36.89	29.25		26	27	28
4.1 高新技术产业化水平	40.46	52.39	37.53	27.59		13	15	17
4.2 高新技术产业化效益	46.37	60.01	36.24	30.91		31	31	31
5. 科技促进经济社会发展	71.29	71.66	65.73	61.79		9	11	11
5.1 经济发展方式转变	53.14	56.22	51.37	48.82		17	17	17
5.2 环境改善	71.08	72.52	70.41	74.81		27	27	21
5.3 社会生活信息化	97.29	93.37	84.24	74.73		5	6	10

表 4-2　2014—2015 年区域综合科技进步水平指数山西省的排位

地区	2015 年		2014 年		指数增长 %
	指数 %	指数全国排位	指数 %	指数全国排位	
全国平均水平	66.49	有 6 省市高于平均水平	63.55	有 6 省市高于平均水平	2.94
山西省	52.20	17	49.53	17	2.67

由表 4-2 可以看出 2015 年山西省区域综合科技进步水平指数为 52.20%，比全国平均水平低 14.29%，排在全国第 17 位。与上年比较，山西省区域综合科技进步水平提高了 2.67%，增幅排在全国第 9 位，排位仍然是第 17 位。但是，全国综合科技进步水平指数平均提高了 2.94%，山西省增幅比全国平均水平低 0.27%。

表 4-3　中部地区区域综合科技进步水平指数排位比较

地区	中部地区			全国排名		
	2014 年	2015 年	分值升降	2014 年	2015 年	排位升降
湖北	59.20	62.84	3.64	11	10	1
安徽	51.43	54.97	3.54	15	15	0
湖南	49.60	54.29	4.69	16	16	0
山西	49.53	52.20	2.67	17	17	0
河南	43.35	47.21	3.86	21	20	1
江西	43.07	44.92	1.85	23	22	1

表 4-4　山西省及周边部分省市区域综合科技进步水平指数排位比较

地区	山西省及周边部分省市			全国排名		
	2014 年	2015 年	分值升降	2014 年	2015 年	排位升降
天津市	78.63	81.43	2.80	3	3	0
陕西省	60.73	62.96	2.23	7	9	-2
山西省	49.53	52.20	2.67	17	17	0
甘肃省	47.06	49.51	2.45	19	18	1
河南省	43.35	47.21	3.86	21	20	1
内蒙古	45.13	44.89	-0.24	20	23	-3
河北省	41.78	44.37	2.59	25	24	1

从表 4-3 和表 4-4 可以看出，山西省评价值和相应的位次均比上年有所提高，说明山西省与位次相邻地区比较有了明显的进步；评价值较上年有所提高，但相应位次不变或下降，说明山西省虽然比上一年有所进步，但跟不上位次相邻地区的步伐。评价值较上年有所下降，但相应位次不变或提高，说明山西省虽然比上一年有所退步，但相邻地区退步更快；评价值和相应的位次均比上年有所下降，说明山西省与位次相邻地区相比，有了明显的退步。

2 山西省在中国省域经济综合竞争力表现分析

省域是中国最大的行政区划，省域经济是中国经济的重要组成部分，省域经济综合竞争力水平在一定程度上决定着一个省份经济及其在国家甚至国际竞争力的发展水平。通过对《"十二五"中期中国省域经济综合竞争力发展报告》排名及各要素竞争力的排名变化分析，找出山西省在经济发展水平综合竞争力的推动点及影响因素，为进一步提升山西省整体发展水平提供决策参考。

2.1 山西省在全国省域经济综合竞争力排位分析

2011—2012 年全国除港澳台外 31 个省市区经济综合竞争力指标山西省排位情况见表 4-5。

表 4-5　2011—2012 年全国 31 个省市区经济综合竞争力指标山西省排位情况

指标	宏观经济竞争力	产业经济竞争力	可持续发展竞争力	财政金融竞争力	知识经济竞争力	发展环境竞争力	政府作用竞争力	发展水平竞争力	统筹协调竞争力	综合排位
2011	22	25	8	13	17	17	14	25	21	22
2012	26	28	14	11	16	20	14	26	20	23
升降	-4	-3	-6	2	1	-3	0	-1	1	-1
优劣度	劣势	劣势	中势	中势	中势	中势	中势	劣势	中势	劣势

从表 4-5 综合排位看，2012 年山西省经济综合竞争力综合排位在全国位居第 23 位，在全国处于劣势地位；与 2011 年相比，综合排名下降 1 位。山西省在全国竞争力处于下降趋势。

从指标所处区位看，山西省没有指标处于全国的上游区（排位 1～10 位），宏观经济竞争力、产业经济竞争力、发展水平竞争力 3 个指标处于下游区（排位 21 ～ 31 位），其余指标处于中游区（排位 11 ～ 20 位）。

从指标变化趋势看，财政金融竞争力、知识经济竞争力、统筹协调竞争力 3 个指标处于上升趋势，这些是山西省经济综合竞争力上升的动力所在；政府作用竞争力指标排位没有发生变化；宏观经济竞争力、产业经济竞争力、可持续发展竞争力、发展环境竞争力、发展水平竞争力，这 5 个指标处于下降趋势，这些是山西省经济综合竞争力排位下降的拉力所在。

在 9 个指标中，山西省有 5 个指标呈现下降趋势，3 个指标呈现上升趋势，1 个指标不变。山西省经济综合竞争力上升的动力小于下降的拉力，使得 2012 年山西省经济综合竞争力排位下降 1 位，在全国 31 个省市区域处于第 23 位。

表 4-6　全国省市区经济综合竞争力评价分值及分值升降比较

地区	2011 年	2012 年	分值升降
上游区（1 ～ 10 位）平均值	48.25	48.38	0.13
中游区（11 ～ 20 位）平均值	35.91	36.13	0.22
下游区（21 ～ 31 位）平均值	29.39	30.63	1.24
全国平均值	37.58	38.13	0.55
山西省分值	33.88	33	-0.88

表 4-6 是全国 31 个省、市、区经济综合竞争力分值及分差比较，2012 年山西省评价分值 33%，较 2011 年评价分值的 33.88% 降低 0.88%，比全国平均分值 38.13% 低 5.13%。2012 年山西省处于全国下游区，虽然山西省评价分值高于下游区平均值，但是 2012 年下游区平均分值较 2011 年上升 1.24%，山西省较 2011 年有所下降，说明在全国经济趋于上升发展的态势，山西省经济综合竞争力处于下降趋势。

2.2　山西省在中部地区和周边省份地区经济综合竞争力分析

从表 4-7 和表 4-8 可以看出，山西省经济综合竞争力的综合得分与全国相比，差距悬殊，2012 年，山西省 33 分，比全国平均分 38.13 分还低 5.13 分。中部地区 6 个省份的经济综合竞争力排位，除江西和山西省处在下游区之外，其他 4 个省份都处在中游区，山西省排位处于中部地区最后一位。2012 年较 2011 年，中部地区的湖北、安徽、湖南 3 个省，排位全部上升，而且安徽省上升速度较快，排位上升 5 位。中部地区的 6 个省市，虽然河南省在全国排位下降1位，但2012年和2011年比较，河南经济综合竞争力仍然趋于增长上升趋势，只是上升速度较相邻省市速度慢，只有山西省是综合分值和排位全部下降。

表4-7　中部地区经济综合竞争力排位比较

地区	中部地区			全国排名		
	2011 年	2012 年	分值升降	2011 年	2012 年	排位升降
河南	37.38	37.78	0.40	10	11	−1
湖北	36.52	37.24	0.72	13	12	1
安徽	35.44	37.03	1.59	18	13	5
湖南	35.77	36.41	0.64	16	14	2
江西	34.15	34.85	0.70	21	21	0
山西	33.89	33	−0.89	22	23	−1

表4-8　山西省及周边部分省市地区经济综合竞争力排位比较

地区	山西省及周边部分地区			全国排名		
	2011 年	2012 年	分值升降	2011 年	2012 年	排位升降
天津市	44.90	44.52	−0.38	7	7	0
河南省	37.38	37.78	0.40	10	11	−1
河北省	36.46	35.90	−0.56	14	16	−2
内蒙古	36.78	35.67	−1.11	12	17	−5
陕西省	34.86	34.96	0.10	19	19	0
山西省	33.89	33	−0.89	22	23	−1
甘肃省	25.31	27.76	2.45	30	30	0

山西省和周边6个省市比较，差距更大。天津市处于经济综合竞争力的上游区，河南省、河北省、内蒙古、陕西省皆处于全国经济综合竞争力的中游区，只有甘肃省排位在山西省之下。这说明，山西省在全国范围内部不具有竞争优势，就是在中部地区也不具备明显的竞争优势，同时和周边省市区的发展比较更没有竞争优势。山西省经济综合竞争力在全国范围内相对较弱，和周边省市区以及中部地区比较还是处于非常明显的竞争劣势地位。虽然甘肃省排位在山西省之下，但是相比较于2011年，甘肃省分值上升2.45%。相比较于2011年，山西省排名在全国又降低了1位，总分值也较2011年降低了0.88分。

第五章 山西省科技基础条件平台建设与发展规划研究

1 引 言

2016 年 11 月 2 日，在山西省第十一次党代会上，山西省委书记骆惠宁同志向大会做了题为《以习近平总书记系列重要讲话精神为指引 忠诚担当 攻坚克难 为全面建成小康社会而奋斗》的报告。报告为山西未来五年发展指明了前进的方向，指出了实现的途径，确定了发展目标和任务，把创新发展置于"五大发展"新理念之首。报告指出，山西一段时间经济遭遇断崖式下滑的主要原因是山西省经济结构不合理，山西省今后的发展将紧紧围绕结构转型这条主线，紧紧抓住市场"倒逼"的历史机遇，坚定不移走上经济结构和产业结构转型之路。要争取用五年的时间使山西省综合竞争力、人民生活水平和可持续发展能力明显提升；再经过一段时间的持续奋斗，使山西省整体发展水平在我国中西部地区位次前移，在全国大局中具有重要影响。报告明确提出，要破解山西省资源型地区创新发展难题，结构性矛盾突出地区协调发展难题，要加快实现产业结构向多元化中高端转变，发展动能向创新驱动转变，经济增长向平稳健康可持续转变。报告要求，要用创新驱动培育新的动力源泉，牢固树立创新发展理念，全面实施创新驱动发展战略，立足山西省产业转型方向，部署科技创新链，打通科技创新成果转化通道。要构建具有鲜明省情特点的支撑多元、布局合理、链条高端的现代产业体系，在全国产业格局中重塑比较优势和竞争优势，为山西省经济振兴崛起奠定坚实基础。

山西省整体发展水平要在全国大局中具有重要影响和在我国中西部地区位次前移，必须要有与之相适应的科技基础条件。科技基础设施条件是社会经济发展的基础性战略资源。基于科技基础条件资源的科学发现已经被认为是继科学实验、理论推导、计算机模拟仿真三种科研方式以外的新生的第四种科学研究方式。实施科技基础设施条件发展战略，培育科技资源经济，建设智慧山西，是切实践行"五大发展"新理念、贯彻落实山西省党代会决策部署、促进科技创新驱动转向升级的重大举措。山西省要实现经济结构和产业结构转型发展，必须要加强科技基础设施建设，统筹规划、科学布局，充分发挥科技基础条件市场主体的力量，切实抓好科技基础条件平台基础设施建设，尽快把科技基础设施条件、科技资源经济培育成为山西省创新驱动转型升级的重要支撑力量。

2 山西省科技基础条件平台面临的新形势和新任务

十八大以来，我国经济发展步入新常态，转变政府职能和推进科技体制改革不断取得新进展，科技工作正在进入一个全新的历史时期。必须深入分析科技基础条件平台工作面临的新形势和新任务，进一步明确配套新的工作定位和发展方向，开拓工作新局面。

2.1 实施创新驱动发展战略要求进一步增强科技资源的支撑保障能力

《"十三五"国家科技创新规划》指出，"十三五"时期是我国建设创新型国家的决胜阶段，是我国深入实施双轮驱动的关键时期，我国科技创新已经由以"跟跑"为主向"跟跑""并跑""领跑"并存转变。目前，我国科技实力正处在由量的积累向质的飞跃、从点的突破向系统能力提升的非常重要时期，我国将由科技大国向科技强国迈进。在科技创新发展的重要战略机遇期，必须增强我国科技资源物质的基础支撑保障能力，提高科技资源开放共享水平，开创国家"双创"驱动发展的新局面，实现我国科技强国之梦。

国家区域经济战略发展要求进一步优化科技基础条件发展总体布局，强化科技资源有效共享水平。当前，我国经济社会发展进入新常态，中央提出实施创新驱动发展战略，就是要将经济增长由要素、投资驱动向创新驱动转变，充分发挥科技创新在推动经济社会发展中的关键作用。科技资源是支撑科技创新的基石。拥有相当规模、高质量的科技资源，并通过科学高效的管理手段实现与科技人才、资金的合理匹配，是开展高水平科技创新活动、产生原创性科技成果的必要条件。科技资源的规模、质量、配置和利用直接决定着科技创新能力的高低，进而影响经济增长方式和速度。在新一轮科技革命和产业变革孕育兴起、科技创新竞争日趋激烈的背景下，国家核心竞争力的比拼已经转化为科技创新能力的较量。

前沿科技创新、企业技术创新、大众创新创业等不同类型的创新活动日益活跃，对科技基础条件资源的需求将更加多元。2014年9月，李克强总理在夏季达沃斯论坛开幕式提出"要借改革创新的'东风'，推动中国经济科学发展，在960万平方公里土地上掀起'大众创业—草根创业'的新浪潮，形成'万众创新—人人创新'的新态势"。以众创空间为代表的大众创新服务组织得到快速发展。近期，国办发布了《国务院办公厅关于发展众创空间 推进大众创新创业的指导意见》（国办发〔2015〕9号），文件提出要"促进科技基础条件平台开放共享"，为广大创新创业者提供资源共享空间。可见，实施创新驱动发展战略，需要我们进一步提升科技资源的生产、集聚、开发和利用水平，切实增强科技资源对科技进步和经济社会发展的支撑保障能力。

2.2　加快政府职能转变和深化科技体制改革要求进一步提升科技资源管理工作的地位

党的十八大以后，中央一再强调要简政放权，取消和下放行政审批事项，要促进创新资源高效配置和综合集成，加强事中事后监管，强化政府的社会管理和公共服务职责。中共中央、国务院《关于深化科技体制改革加快国家创新体系建设的意见》中将"加快转变政府管理职能，提高公共科技服务能力，充分发挥各类创新主体的作用"作为一条基本原则。《国家创新驱动发展战略纲要》提出要大力推动科技资源向各类创新主体开放共享。开放科技资源大多具有很强的公共性和基础性，是科学研究、企业创新和大众创业必不可少的支撑条件。推进科技资源的开放共享、合理配置和能力提升，涉及资源的建设方、拥有者、服务方和使用方等多方利益，是一项复杂的系统工程，单靠市场的力量难以完成，需要政府积极参与，并在政策制定、规划设计、环境营造以及加强监管等方面发挥主导作用。

国家"十三五"规划建议推动政府职能从研发管理向创新服务转变。加快政府职能转变和深化科技体制改革都要求改变以往对创新活动"重前端轻后端、重审批轻监管"的管理模式。科技创新活动形成的大型科学仪器设施、科学数据等科技资源将成为政府科技管理工作的重要对象，其数量、质量和水平将成为政府评价科技创新活动的重要依据。加强科技资源管理将成为政府强化科技公共服务职能、推进科技体制改革的重要措施和有效手段，其重要性将日益凸显。近期发布的《国务院关于国家重大科研基础设施和大型科研仪器向社会开放的意见》对科学仪器设施资源的管理做出了具体部署，充分体现了国家对科技资源管理工作的高度重视。

2.3 科学前沿的革命性突破更加依赖科技基础条件的支撑

世界科技呈加速发展态势，科学研究探索不断向新的广度和深度拓展，学科交叉融合加速，前沿领域快速延伸。高水平科学研究的突破，越来越需要高精尖科研设施仪器等科技基础条件的支撑。拥有相当规模、高质量的科技基础条件资源，并通过科学高效的管理手段实现与科技人才、资金的合理配置成为开展高水平科技创新活动、产生原创性科技成果的基础和前提。世界主要国家纷纷强化创新战略部署，把建设强大的科技基础条件作为重中之重。

科学数据与信息资源主要是指各类科技活动产生的基本科学技术数据和资料、各种数据分析产品以及各文献信息等，是最基本、最活跃的科技资源，既是科技创新活动的重要产出，也是新一轮创新活动和经济社会发展的重要基础和工具。在大数据时代，科学研究、政府决策、产业发展更加依赖于科学数据，可靠、系统、丰富的科学数据和信息资源已经成为一种新的生产要素，成为提高生产力和竞争力的强大引擎。随着科技体制改革和科技计划管理改革的不断深入，进一步明确了科技资源管理与共享工作的定位和发展方向。科学数据和信息资源作为一类重要的科技资源，根据其资源属性特征，形成有针对性的管理政策和制度，并建立相应的开放方式。

2.4 国家科技发展的阶段特征迫切要求提高科技资源管理的科学化水平

我国正处在由科技大国向科技强国迈进的历史进程中，科技实力进入"三跑并存"的新阶段。"领跑"要进一步扩大优势，"并跑"要找到突破口，"跟跑"要实现弯道超车，不同科技领域对科技资源配置和保障的需求有显著差异。前沿科技创新、企业技术创新、大众创新创业等不同类型的创新活动日益活跃，对科技资源的需求将更加多元。科技投入不断加大，科技资源规模增长迅速，科技资源分布越发广泛，开展科技资源统筹建设和专业化管理的需求愈加迫切。区域创新体系建设蓬勃发展，国家区域发展战略不断出台，区域创新发展对进一步推进科技资源合理布局、有效共享的呼声日益强烈。所有这些都迫切要求我们增强科技资源管理工作的针对性、专业性。

此外，尽管"十一五"以来科技平台工作围绕科技资源共享开展了大量工作，取得了积极成效，但从整体上看，科技资源共享和利用水平不高的问题尚未彻底解决，随着我国财政科技投入的不断加大，一些地方科技资源过于集中、边际效应较低的问题也逐步显现，部分科技资源建设缺乏整体布局，存在部门化、单位化、个人化的倾向，重复建设和闲置浪费现象比较严重，专业化服务能力有待提高。同时，面向不同类型科技资源开放共享的针对性政策措施相对缺乏，中央和地方协同推进科技资源共享的机制尚未有效建立。必须以问题为导向，采取切实有效的措施，提高我国科技资源管理的科学化水平。

3　山西省科技基础条件平台的建设与发展

根据国务院转发科技部、财政部、发展改革委、教育部四部委制定的《2004—2010年国家科技基础条件平台建设纲要》和四部委召开的全国电话会议精神，山西省从2005年起设立专项资金计划，每年投入约1000万元启动山西省科技基础条件平台建设工作，根据山西省科技发展的总体规划，在充分利用国家科技基础条件平台的基础上，以建立共享服务机制为核心，以增强自主创新能力为目标，加强资源的战略重组和系统优化，构建公益性、基础性、服务性的科技物质和信息保障系统，基本建立起符合山西省经济社会发展战略要求的科技创新支撑体系和科技基础环境平台，基本形成具有山西省特色的区域科技创新体系，较大幅度提升重点领域的科技创新能力，把山西省科技基础条件平台建设成为科技发展与进步的动力支撑体系，实现平台建设网络化、运行制度化、管理科学化、保障法规化和服务市场化，为推动山西省的科技进步与经济发展提供强有力的支撑。

科技基础条件平台是推进科技进步与创新的重要基础和保障。山西省科技基础条件平台建设，旨在对以政府投入为主的全省公共科技基础资源进行整体规划和设计，通过整合、共享、完善和提高，加强山西省科技资源的整合与优化，构建公益性、基础性、服务性的科技物质和信息保障系统，形成涵盖科研设施、科研仪器、科学数据、科技文献、生物（种质）资源、实验材料等科技资源的共享服务平台体系，强化对前沿科学研究、企业技术创新、大众创新创业等的支撑和服务。运用共建共享机制，构建布局合理、功能齐全、开放高效、体系完备的基础服务体系，为山西省的经济、社会发展提供科技基础支撑。

随着科技投入的不断增加，科研设施、条件及其组织、管理、信息等要素配置有了长足的进步，在此过程中积累了大量的科学仪器、设备以及科研活动产生的科研成果、科学数据，培养了大批优秀的科技人才。但是，由于管理体制上严重存在的条块分割、部门封闭，以及在利用机制上严重存在的部门所有、个人占有的狭隘意识，致使科技资源的使用效益低下，造成重复投资和资源浪费。针对这些问题，制定了"山西省科技基础条件平台建设计划"。该计划从2005年开始，以项目的形式已连续支持了12年。2005—2015年，山西省以项目形式对科技基础条件平台进行建设，主要集中在科技文献平台、科技基础数据库平台、自然科技资源共享与服务平台、大型仪器协作共享平台、技术转移平台、科技网络平台、专业科技创新平台、制度与决策体系建设等8个方面。

山西省科技基础条件平台建设的内容，随着山西省科技创新的需求和科学技术的发展而发展。随着科技体制改革的持续推进，科技基础条件平台计划以项目的形式给予支持存在着诸多弊端。从2016年开始，山西省将把科技基础条件平台计划经过分类整合纳入到平台基地与人才专项，采取对现有创新平台进行认定考核的方式，筛选一批高水平的平台基地进行挂牌，并设立专项经费给予持续支持。

结合国家科技创新发展和山西省社会经济结构转型发展等实际情况，2016年开始，山西省科技基础条件平台建设将主要集中在以下四个方面：

（1）科技文献共享服务平台。本平台旨在扩大科技文献信息资源采集范围，建立长期保存制度，建设面向重大科技发展方向的语义知识组织体系，提升科技资源大数据语义揭示、开放关联和知识发现的支撑能力，全面构建适应大数据环境和知识服务需求的国家科技文献信息保障服务体系。

（2）科学数据共享服务平台。本平台旨在加强各类科学数据的整合和质量控制，完善科学数据汇交机制，推动科学数据的汇聚和更新，加工形成专题数据产品，面向全省重大战略需求提供科学数据支撑和服务。

（3）生物（种质）资源与实验材料共享服务平台。本平台旨在加强实验动物、标准物质、科研试剂、特殊人类遗传资源、基因、细胞、微生物菌种、植物种质、动物种质、岩矿化石标本、生物标本等资源的收集、评价、整理、保藏、研究和利用工作，提高资源质量，提升资源保障能力和服务水平。

（4）大型科研设施与仪器共享服务平台。本平台旨在对财政资金建设和购置的各类科研设施与仪器设备进行集约式管理，推动面向科研院所、企业、高校及全社会开放共享，为相关学科发展及科学研究和创新创业提供支撑保障和服务。本平台支持范围为现有山西省级以上重点实验室、工程技术研究中心、科技基础条件平台的科研设施建设和单台（套）20 万元以上的科研仪器设备购置（研制），以完善相关科研条件和支撑保障，开展对外共享服务。

山西省科技基础条件平台建设可以充分发挥创新人才作用，促进山西省经济结构转型和"五大发展"新理念的实现。山西省科技基础条件平台建设作为科技创新体系建设中一项重要基础性工程，不仅为基础研究、战略高技术研究和重要公益性研究提供重要技术支撑手段，同时也是进行原始性创新和创造性人才培养的重要载体。科技基础条件平台建设对于山西省吸引、聚集优秀人才，充分开发创新人才起着基础性作用，同时也是促进山西省经济结构转型发展，实现山西省第十一次党代会上确定的山西省未来五年的发展目标和任务，实现"五大发展"新理念的战略目标必不可少的基本保障条件。山西省未来五年，要实现在全国有影响力的资源型经济转型综合配套改革试验区，现代装备制造、新材料、节能环保和信息产业基地，国家新型综合能源基地，世界煤基科技创新成果转化基地，立足山西省产业转型方向，部署科技创新链，打通科技创新成果转化通道，构建具有鲜明省情特点的支撑多元、布局合理、链条高端的现代产业体系，在全国产业格局中重塑比较优势和竞争优势等目标，离不开科技基础条件平台的科技基础支撑，为振兴崛起奠定坚实基础。使山西整体发展水平在我国中西部地区位次前移，在全国大局中发挥重要影响，实现山西省发展战略目标的基本保障条件。

科技基础条件平台建设有利于促进山西省社会资源的高效配置、增强山西省自主创新能力和水平。作为山西省战略性资源投入的科技基础条件平台，在实现以科技进步促进经济社会综合竞争力、人民生活水平和可持续发展能力明显提升、科技双轮驱动基础保障能力等方面发挥着重要的基础性支撑作用，是实现在全国产业格局中重塑比较优势和竞争优势的重要基础支撑。加强山西省科技基础条件平台建设，有利于充分发挥知识资源在社会经济发展中的主导作用，有利于推进山西省建设在全国有影响力的资源型经济转型综合配套改革试验区进程，增强山西省整体核心竞争力和创新驱动能力。

4　山西省科技基础条件平台发展现状

山西省科技基础条件平台是以政府为主导，全社会共同投资建设的公共基础条件平台，具有公益性、基础性等特点，通过对全社会开放共享，为全社会科技进步与创新活动提供科技基础支撑和优质服务。加大对山西省科技基础条件平台的建设，可以促进山西省科技创新活动的开展，优化山西省科技资源配置、完善区域创新体系，增强山西省科技竞争力，强化对前沿科学研究、企业技术创新、大众创新创业的支撑服务。

自 2005 年以来，在《2004—2010 年国家科技基础条件平台建设纲要》与《"十一五"国家科技基础条件平台建设实施意见》的指导下，山西省从战略发展的高度，统筹部署全省的科技平台建设，在科技基础条件资源的整合与共享方面积极开展了探索性工作。

一是转变政府职能，优化公共服务建设。山西省科技厅强化职能转变意识，把科技基础条件平台建设作为完善科技基础设施、优化科技公共服务的重要举措认真抓好落实。为了加强对科技基础条件平台建设与运行的指导和管理，专门成立了科技基础条件平台建设领导协调机构与专家咨询机构，并在山西省科技厅条财处设立日常办公机构——科技平台建设办公室。确定科技平台建设办公室的主要职责：顶层设计、制定方案、研究政策、实施计划、组织协调、监督管理。

二是加强制度体系建设，为科技平台建设和运行提供保障。科技基础条件资源种类繁杂，原有的管理体制又使庞大的资源体系条块分割，实现资源整合与共享的任务十分艰巨。山西省科技厅通过边实践、边总结、边建设的递进式管理模式，参照国家科技基础条件平台建设的制度框架，结合资源整合过程中的实际情况和特点，深入调查研究，把制定和完善区域科技平台建设与运行的制度体系作为优化公共服务的根本性措施来抓。

《中共山西省委 山西省人民政府关于实施科技创新的若干意见》（晋发〔2015〕12 号），对重点建设山西科技基础平台协同发展的机制提出要求，制定了《山西省人民政府关于大型科研设施与仪器等科技资源向社会开放共享的实施意见》（晋政发〔2016〕4 号）、《山西省平台基地专项管理办法》、《山西省科技创新券实施管理办法（试行）》（晋科发〔2016〕22 号），《山西省科技基础条件平台建设计划管理办法》、《山西省科技计划（专项、基金等）管理办法》（晋政发〔2016〕52 号）等，山西和北京、天津、河北、山东、内蒙古共同成立了环渤海区域协作网，为促进山西省共享京津冀地区际的科技资源提供有利条件。一系列政策文件，从加大科技资源统筹、构建创新体系等各个方面支持科技成果转化、鼓励知识产权的创造和应用，促进了山西省科技基础条件平台的发展。

4.1 山西省科技基础条件平台投资及建设情况分析

自 2005 年起，山西省科技基础条件平台建设计划按年度组织，已连续组织实施 12 年。每年以年均 1300 余万元的资助规模。截至 2016 年 12 月底，山西省以项目形式建设科技基础条件平台 448 项，累计完成平台建设项目总投资 1.5 亿元（表 5-1）。

按科技基础条件平台支持领域划分：科技文献共享平台类 15 项、科学数据共享平台类 48 项、自然科技资源共享平台类 60 项、研究实验基地和大型科学仪器、设备共享平台类 56 项、成果转化公共服务平台类 47 项、网络科技环境平台类 45 项、专业科技创新公共服务平台类 173 项、制度与决策体系建设类 4 项。

表 5-1 2005—2016 年山西省科技基础条件平台项目建设支持领域经费情况

单位：万元

年份\领域	科技文献共享平台	科学数据共享平台	自然科技资源共享平台	研究实验基地和大型科学仪器、设备共享平台	成果转化公共服务平台	专业科技创新公共服务平台	网络科技环境平台	制度与决策体系建设	总计
2005—2009	690	575	820	460	650	1250	785	95	5325
2010	235	125	130	230	165	275	140	—	1300
2011	—	150	110	155	164	605	160	—	1344
2012	—	95	95	265	320	472	197	—	1444
2013	—	245	160	405	595	240	1300	—	2945
2014	—	40	165	—	95	1030	—	—	1330
2015	—	50	145	—	—	375	—	—	570
2016	220	190	305	285	—	—	—	—	1000
合计	1145	1470	1930	1800	1989	4247	2582	95	15 258

4.1.1 科技文献共享平台

2005—2016 年，科技文献共享平台项目建设累计共投入经费 1145 万元，占科技基础条件平台计划累计总投资的 7.50%，共资助项目 15 项。按照文献资源整合类型，可主要分为以下 4 个大类：综合科技文献资源类、专业科技文献资源类、地方性科技文献资源类、区域特色文献资源类。

4.1.2　科学数据共享平台

2005—2016 年，科学数据共享平台项目建设共投入经费 1470 万元，占科技基础条件平台计划累计总投资的 9.60%，资助项目 48 项。按照山西省平台建设计划，目前已资助的科学数据类建设项目，大致可归纳为以下 3 个大类：第一类属于国家主导的基础性科学数据资源，这类资源具有基础性强、公益面广、资源分布广泛、数据管理规范等特点，具有基础性战略意义。目前已经建成的科学数据库主要有科技计划项目数据库等 14 个。第二类属于涉及山西优势领域的企业信息数据库。第三类属于涉及公共健康与医疗领域的基础科学数据库。

4.1.3　自然科技资源共享平台

2005—2016 年，自然科技资源共享平台项目建设共投入经费 1930 万元，占科技基础条件平台计划累计总投资的 12.65%，资助项目 60 项。按照山西省自然科技资源共享平台的分类，山西省自然科技资源包括：植物种质资源、动物种质资源、微生物菌种资源、生物标本资源、山西农作物病虫害标本资源、矿物岩石标本资源和山西土壤资源 7 个大类，已建立山西省自然科技资源共享信息平台主系统 1 个，录入各类自然科技资源近 6 万余条、105 县的山西自然资源简介、相关描述规范 40 余份、其他相关信息 105 条。

4.1.4　研究实验基地和大型科学仪器、设备共享平台

2005—2016 年，研究实验基地和大型科学仪器、设备共享平台项目建设共投入经费 1800 万元，占科技基础条件平台计划累计总投资的 11.80%，资助项目 56 项。山西省研究实验基地和大型科学仪器、设备共享平台是四大基础性科技资源平台建设中唯一的物理化资源平台。

4.1.5　成果转化公共服务平台

2005—2016 年，成果转化公共服务平台项目建设共投入经费 1989 万元，占科技基础条件平台计划累计总投资的 13.04%，资助项目 47 项。山西省成果转化公共服务平台建设的主体包括科技成果信息服务体系、知识产权信息服务

体系、科技创业孵育服务体系和技术产权交易服务体系 4 个子平台。

4.1.6 专业科技创新公共服务平台

2005—2016 年，专业科技创新公共服务平台项目建设共投入经费 4247 万元，占平台计划累计总投资的 27.84%，资助项目 173 项。均属于对山西省产业技术创新、产业共性技术研发和产业公共技术服务具有公共支撑意义的专业科技创新公共服务平台项目。

此外，组织网络科技环境平台建设项目 45 项，建设总投资 2582 万元，占平台计划累计总投资的 16.92%；制度与决策体系建设项目 4 项，建设总投资 95 万元，占平台计划累计总投资的 0.62%。

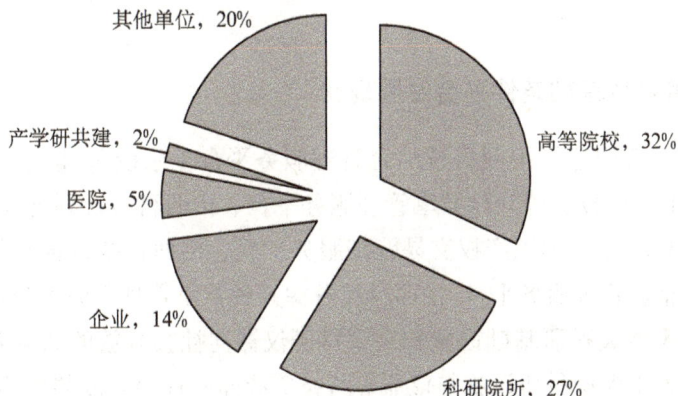

图 5-1 2005—2016 年山西省科技基础条件平台项目建设支持依托单位情况

按依托单位性质划分：依托高等院校建设的 144 项、依托科研院所建设的 122 项、依托企业建设的 61 项、依托医院建设的 22 项、产学研合作共建的 10 项、依托其他单位建设的 89 项（图 5-1）。

按学科领域划分：工业领域 116 项、农业领域 68 项、信息领域 188 项、生物医药领域 76 项（图 5-2）。

按分布区域划分：太原市 344 项、大同市 7 项、朔州市 3 项、忻州市 8 项、阳泉市 10 项、吕梁市 5 项、晋中市 32 项、晋城市 6 项、长治市 11 项、临汾市 8 项、运城市 14 项。

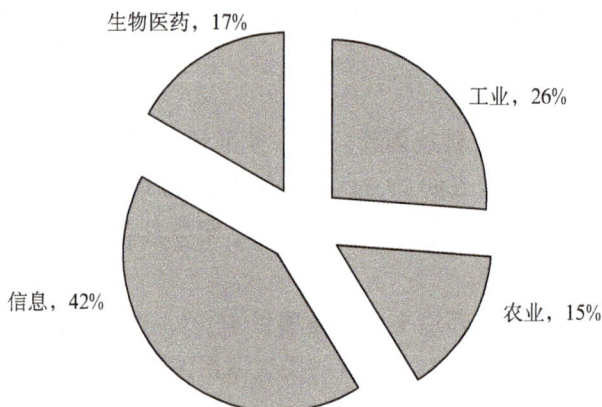

图 5-2 2005—2016 年山西省科技基础条件平台项目建设学科领域情况

4.2 山西省科技基础条件平台发展现状

山西省积极构建了山西科技综合管理服务平台（系统），该平台包括五大系统内容：山西科技资源开放共享管理服务平台、山西科技计划管理信息平台、山西科技成果转化和知识产权交易管理服务平台、山西科技报告服务系统、山西高新技术企业管理服务平台。山西科技资源开放共享管理服务平台是根据《国务院关于国家重大科研基础设施和大型科研仪器向社会开放的意见》和《山西省人民政府关于大型科研设施与仪器等科技资源面向社会开放共享的设施意见》有关部署，共同推进山西省科技资源向社会开放共享，提高科技资源利用效率和共享水平，充分发挥大型科研设施与仪器等科技资源对山西省科技创新的服务支撑作用，结合山西实际，建成布局合理、功能完善、体系健全、共享高效的平台系统。

山西科技资源开放共享管理服务平台服务种类目前分为三大类十小类。实物资源包括：种质资源、标准物质；数据资源包括：科学数据、论文文献、科普咨询、成果转化；服务资源包括：咨询服务、仪器设备服务、数据服务、野外科研协作。

山西科技资源开放共享管理服务平台（大型科研设施与仪器），集中展示山西省大型科学装置、科学仪器、科学仪器服务单元和单台（套）价值在 20 万及以上的科学仪器设备的基本开放信息，支持科研人员多维度检索，并通过服务数据的采集分析、可视化展示等多种方式支撑相关部门对科研设施与仪器开放服务进行全方位的管理、监督及考核，充分满足不同类型用户的使用需求。制定科技资源面向社会开放共享的实施意见及其配套管理办法，通过一系列措施积极推进科技资源开放共享，为山西省实施创新驱动发展战略提供有效支撑。2016 年 1 月，山西省政府出台实施了《关于大型科研设施与仪器等科技资源向社会开放共享的实施意见》，提出力争用 3 年时间，建成覆盖各类科技资源、统一规范、功能强大的、全省统一开放的专业化、网络化管理服务体系和开放共享制度，实现山西省各类科技资源有效配置、科学化管理、高效服务、监督、评价全链条有机衔接，基本解决科技资源分散、重复、封闭、低效的问题，资源利用率得到进一步提高，促进科技资源开放共享，科技资源专业化服务能力得到显著增强，对山西省科技创新的服务和支撑作用大幅度提升。加快推进大型科研设施与仪器等科技资源向高校、科研院所、科技型中小企业、社会研发组织等社会用户开放，实现资源共享，避免部门分割、单位独占，充分释放服务潜能，为全省经济社会发展提供有力支撑。明确共享范围、阶段任务、各方职责；制定科研设备和仪器共享激励引导机制，完善科研设备和仪器共享评价体系和奖惩办法，积极会同有关部门建立科研设备和仪器共享的后补助机制。

"山西省大型科学仪器共享服务平台资源信息"网站及其数据库是目前山西省信息量最大的科学仪器资源数据库。截止到 2016 年 11 月，"山西省大型科学仪器共享服务平台资源信息"共有山西省内单台（套）价值 20 万元以上的主要大型科学仪器 2261 台（套），共有 84 家单位，仪器设备价值 13.8 亿元。同时，开展探索"大型科学仪器网络虚拟实验室建设"，选择具有代表性的高性能计算机集群系统作为可远程共享的大型设备，进行大型科学仪器网络虚拟实验室示范平台的可行性研究。

5　山西省科技基础条件平台建设中存在的主要问题及分析

随着各级政府对科技基础条件的投入不断加大，山西省科技基础条件平台也得到快速发展，山西省科技基础条件建设工作取得了一定进展。目前，山西省科技基础条件平台建设情况是科技文献资源整合与平台建设基本到位，大型科学仪器设备资源信息化整合基本完成，部分重点领域科技数据与文献资料库已经建立，部分大型科学仪器设备使用率提高了；建立了一批种质资源、标本库；增加了许多科技仪器设备。尽管山西省科技基础条件建设和开放共享方面取得了积极进展，但与西方发达国家以及国内经济发达省、市、区域相比，山西省在科技基础条件方面的差距仍然很大，科技基础条件建设与发展与中国和山西省科技和经济社会发展需求以及世界先进水平相比存在较大差距。

5.1 顶层设计不够完整，缺乏顶层的整体规划和统一布局

科技基础条件平台的建设不能完全照搬国外或其他省市科技基础条件平台的成功经验或模式，只能在充分调研本地实际情况之下，进行分析比较的基础上，立足本省区域经济和产业发展的实际需求，制定适合本省科技创新发展的平台建设规划，选择优势领域和优势产业重点发展，规划科技基础条件平台的总体布局和顶层设计。山西省科技基础条件建设和发展缺乏顶层设计和统一部署，缺乏政府层面开放共享的整体规划，相应的政策法规不完善，缺乏政策引导和统筹协调，存在近期、中期、远期重点支持对象、建设目标不明确等现象。

表现之一，科技基础条件建设项目资金投入布局缺乏顶层设计，建设项目支持领域资金分散，重点支持的优势领域和优势产业不明显，建设的目标不是十分清晰，造成许多部门争资金、上项目，使大量的科技设备存在重复购置、使用率不高等问题，客观上给山西省科技基础条件共享平台发展带来困难。科学数据共享的建设需统筹兼顾，统一规划，立足省情，合理安排。实现科学数据资源的规范化管理与高效利用。针对科研单位的不同情况，制定明确的科学数据建设发展规划，加大对数据建设积极且任务完成比较好的单位的扶持力度，分层次、有重点、有计划地开展科学数据建设工作。

表现之二，科技基础条件平台项目建设生命周期管理缺乏整体规划，缺乏宏观协调管理机制，没有近期、中期、远期的项目建设发展的统一布局。科技基础条件资源共享整体水平不高，部门、系统、各级和各单位各自为主，造成条块分割、部门封闭、单位所有、低水平重复立项建设。政府投入高等院校、科研院所、大型国有企业形成的科技资源基本上成为部门、单位甚至少数课题组个人所有，不能为全社会共享，无法形成集成优势。大量的科技资源受地域与行业的限制，无法实现共享与重复利用，导致重复建设。

表现之三，顶层设计全省科技基础条件平台构架时，缺乏总体布局和全局统筹观念，没有紧密结合山西省科技资源特色和山西省社会经济发展需求，科技资源的区域分布差异较大。山西省科技基础条件平台项目几乎是按"条"（按

照学科和行业）分配科技资源，缺乏按"块"布局的思路，没有跟上山西省区域发展战略与布局，使得山西省科技工作在山西省区域经济发展中存在一定的被动局面。随着山西省经济发展，山西省政府也在积极推动各地区域经济协调发展，山西区域经济发展纳入了山西经济社会发展总体战略，山西省资源空间配置和空间发展战略正在成为山西省经济发展重要推动力量。科技基础条件平台计划在强调领域布局的同时，对区域经济发展的需求进行综合考虑，抓住区域经济发展特色需求，有重点地进行布局以支撑山西省区域发展战略。

5.2 在科技条件资源管理上政府角色错位

政府的角色错位是当前我国经济社会生活中所存在问题的主要根源，不仅造成了"政府失灵"还造就了"市场失灵"。政府在科技基础条件平台建设与发展过程中的角色还存在着许多"错位"，山西省正处在经济结构和产品结构转型期，需要对政府在职能进行重新定位，来找准政府制度创新的突破口。在科技基础条件建设与发展过程中，政府、企业、市场和社会对科技基础条件发展承担不同的分工，发挥着不同的作用，它们的角色各不相同，互相之间不可代替。而实际操作上，政府以"全能者"的身份出现，涉足了企业、市场、社会的职责管理范围，管了许多不该由政府管、而且管不了、也管不好的事情。

在科技基础条件平台建设与发展过程中，政府应当侧重于抓大事、要事，抓平台顶层设计和整体布局的大事，把功夫下在明确科技基础条件功能定位和目标任务等要事上，侧重于科技基础条件平台宏观调控，应该着眼科技基础条件平台的长远发展，把握全局，统筹科技基础条件物质保障能力建设，而实际操作上，本应属于政府职能的规划、调控、监督、评价、评估角色却过于弱小，其执行的角色却过重，在角色内部结构还存在许多失当之处。政府在对科技基础条件平台发展规划上缺乏科学的指导，对重复建设、短期行为等现象缺乏有力的监督制约，却热衷于直接管钱、管物、管项目，把大量的时间和精力放在日常事务上。市场经济新体制要求现代政府在管理社会经济活动中，应采用市场经济的新办法来管理科技基础条件平台。而在实际操作上，政府基本上靠开会发公文，靠号召部署工作，靠检查推进落实，实际上仍然沿袭了过去计划经济的模式，而并非实施市场经济的科技基础条件平台管理模式。

5.3 科技财政投入总量不足，缺乏合理的配置

近年来，我国各地对科技创新的积极性大大提高，各地区的科技投入迅速增加，地方财政科技拨款总额已经超过中央财政科技拨款。在地方大量增加科技投入的带动下，地方科技资源优势迅速增加，对地方经济的支撑服务能力迅速增加。在国家科技基础条件平台建设的带动下，各地结合自身科技资源优势和产业发展需求，以整合共享为主线，以服务创新为目标，搭建了一批各具特色、富有活力的科技创新平台，有效地促进了区域科技资源的共建共享，提升了科技对地方经济的支撑服务能力。

山西省尽管财政科技投入逐年增加，科技实力也由此不断增强，但与山西省社会经济快速发展的需求和参与国际、国内经济竞争力的要求相比，还存在非常大的差距。山西省和我国发达省份相比，差距更是不断拉大。

北京市设立科技条件平台服务首都建设主题计划，2005—2007 年累计投入 1.2 亿元；江苏省设立科技基础设施计划专题资金，财政投入 2001 年为 2000 万元，2007 年增加到 1.5 亿元。

2015 年区域地方财政科技支出全国最高的是江苏省 327 亿元；2015 年用于科学研究和技术服务业新增固定资产的前两名是山东省和江苏省，金额分别为 528.39 亿元和 454.03 亿元；R&D 经费内部支出最高省份仍然是江苏省，为 1652.82 亿元。

2005—2016 年，山西省科技基础条件平台项目建设累计投入 1.5 亿元，年均投入 1300 万元。山西省在科技基础条件建设方面的投入总量明显不足，而且山西省地方财政科技拨款占地方财政支出比重也出现下滑趋势，2014 年是 2.05%，2015 年降为 1.76%。

研发投入强度是国际上通用的反映一个国家和地区科技投入水平的核心指标。2013 年，山西省投入 R&D 经费（研究与试验发展经费）155 亿元，占 GDP 的比重为 1.23%。2015 年，山西省投入 R&D 经费 132.5 亿元，占 GDP 的比重为 1.04%。R&D 经费投入强度，与全国 2.07% 的水平相比存在很大差距。从中部六省的情况来看，湖北、河南、安徽、湖南、江西 R&D 经费分别是 561.7 亿元、435.0 亿元、431.8 亿元、412.7 亿元和 173.3 亿元，经费投入强度分别为 1.81%、1.11%、1.85%、1.33% 和 0.94%，山西 R&D 经费投入排在中部第 6 位，投入强度排第 4 位，整体而言还处于较低水平。

表 5-2　2015 年山西省与其他中部地区部分规模指标的比较

指标名称	山西	湖北	河南	湖南	安徽	江西
R&D 经费支出占 GDP 比重（%）	1.04	1.81	1.11	1.33	1.85	0.94
地方财政科技支出占地方财政支出比重（%）	1.76	2.73	1.35	1.18	2.78	0.41
区域 R&D 经费内部支出（亿元）	152.19	510.90	400.01	355.03	393.61	153.11
区域科学研究和技术服务业新增固定资产（亿元）	32.05	51.06	79.32	168.61	145.41	39.14
区域地方财政科技支出（亿元）	54.26	134.46	81.25	59.38	129.59	58.37

在中部地区 6 个省份投资规模中，地方财政科技支出占地方财政支出比重位次第 3 位，区域 R&D 经费内部支出（亿元）、区域科学研究和技术服务业新增固定资产（亿元）、区域地方财政科技支出（亿元）位次全部是最后一名（表5-2）。

表 5-3　2015 年山西省与周边部分省市部分规模指标的比较

指标名称	山西	河北	河南	陕西	甘肃	内蒙古	天津
R&D 经费支出占 GDP 比重（%）	1.04	1.06	1.11	2.07	1.12	0.69	2.95
地方财政科技支出占地方财政支出比重（%）	1.76	1.10	1.35	1.13	0.83	0.85	3.78
区域 R&D 经费内部支出（亿元）	152.19	313.09	400.01	366.77	76.87	122.13	464.89
区域科学研究和技术服务业新增固定资产（亿元）	32.05	170.34	79.32	190.34	57.38	133.00	133.80
区域地方财政科技支出（亿元）	54.26	51.32	81.25	44.86	21.16	32.87	109.00

山西省在与周边部分 6 个省份比较，R&D 经费支出占 GDP 比例、区域地方财政科技支出位次分别为第 6 位和第 5 位，地方财政科技支出占地方财政支出比重排位第 2 位，但是区域科学研究和技术服务新增固定资产却是 7 个省市中最低的（表 5-3）。

山西省在科技基础条件建设投入上，一方面存在投入总量不足，另一方面科技基础条件建设重复立项、分散投资，不能很好地发挥整体优势。同时，资金投入结构不合理，重建设、轻运行，重有形、轻无形的问题一直没有得到根本解决。

科技财政投入总量不足造成山西省科研基础设施和科研仪器总量少。山西省没有国家部署的重大科研基础设施，50万元以上的大型科研仪器数量也很少，主要分布在太原市内少数高校和科研单位，难以满足山西省经济结构转型和产业升级等科研发展需要。

由于科技财政投入总量不足同时也造成山西省目前尚无开放共享专项资金。现有仪器设备大多是管理单位通过科研项目、学科建设等渠道购置，运营维护费和开放共享费用欠缺，山西省内尚未设置科研设施与仪器开放共享专项资金，一定程度上制约了科技基础条件资源共享开放工作的开展。

5.4 人才结构失衡，专业人才缺乏

以专业技术人才、管理人才为主要构成部分的专业化人才队伍支撑体系是科技基础条件平台能够正常运作的必要条件。相比较而言，科技基础条件平台更缺乏的是大批从事基础科学设施维护、操作和自我创新，且具有开放共享意识的技工、实验员、观测员、统计员、管理员等，专业管理和技术人才从事科技平台运转的养护和基础性工作，是科技平台有效运行的人力保障。但现行的人才评价和激励机制并不完善，而且在培训和教育方面也跟不上，使从事科技基础条件的人才队伍不稳，专业素质不高。而且从事科技基础条件专业技术队伍缺乏政策保障。科技资源开放共享专业技术人员队伍在编制、岗位、薪酬、评价、职称等方面缺乏政策保障，制约了队伍建设。

2011年，山西省科学技术情报研究所牵头，对山西省科学数据资源进行了调查。提高调查表明，在山西省从事科学数据相关工作人员中，具有高级职称的占总人数的23.89%，具有中级职称的占33.82%，具有初级职称的占31.26%，其他人员占11.03%。人员结构呈现橄榄球的形状，人员结构相对合理，高级职称人员占1/5强，中、初级科技人员占2/3弱，出现了以高级职称人员领头策划解难、中级职称人员为中坚干事、初级职称人员协助的局面。既为本单位发展培养了实干人才，又为社会发展做出了贡献。但是从人员数量来看，后备力量略显不足，梯次力量不够平衡。

加强科技基础条件资源开放共享文化建设，加大科技基础条件人才队伍建设的力度，着力培养造就一批从事科技基础条件运转和基础性工作的专业人才，有计划地培养和储备具有高水平和专业化能力的科技基础资源管理人才，努力建设一支结构合理、充满活力的高素质的科技基础条件资源管理队伍，保障科

技基础条件人才队伍稳定健康发展。

5.5　思想认识方面的偏差，各部门开放共享意识淡薄

山西省基础条件平台建设方案自实施以来，引起社会各界的广泛关注，但是一些单位对平台建设意义与功能的理解存在偏差，这种认识上的偏差导致山西省科技基础条件平台开放共享进展缓慢。科技基础条件平台建设的社会环境不够好，许多部门和民众没有认识到科技基础条件设施开放共享的意义。

山西省科技情报研究所于 2011 年对山西省的科技资源开放情况进行了调查。在 65 家受调查的单位中，建立科学数据库的单位有 28 家，占 43.08%，没有建立科学数据库的有 37 家，占 56.92%。由此可见，山西省科学数据的服务能力比较薄弱，服务意识需要加强。这也反映了山西省科研单位对科学数据的重视程度不足。收回的调查表显示，山西省科学数据建设参差不齐，差距明显。一些已经面向市场转型的科研单位，只有较早以前的数据，很少有科研活动，更没有进行相关的科学数据方面的建设。山西省科技情报研究所，在调查表发放前的抽样调研中发现，一些科研单位的科研设备严重老化过时，很少开展科研活动。

在接受调查的 65 家单位中，有 23 家的科学数据资源只对本单位服务，占 35.38%；有 15 家对本系统服务，占 23.08%；有 27 家对全社会开放服务，占 41.54%，不到接受调查单位数量的一半。这些统计数字表明，58.46% 的科学数据资源没有对全社会开放服务，大部分科学数据没有共享，其社会价值没有得到充分体现和利用，形成了科学数据资源的一种闲置与浪费。

5.6　科技基础条件平台建设数量较大，但持续建设的却比较少

从 2005 年到 2016 年，山西省科技基础条件平台的建设基本上都是以项目形式进行，科技基础条件平台项目建设数量较大，12 年共建设 448 项，总投资 1.5 亿元。这些项目验收结束之后，如果对该项目没有再进行立项，其项目持续建设的比较少。

山西省科技基础条件平台建设项目 12 年资助的 448 项，其中有 9 个项目进行了 2 次项目重新立项，有 10 个项目是 1 次立项分几期下拨经费。这 19 个项目中研究实验基地和大型科学仪器、设备共享平台的 1 项，成果转化公共服务平台的 3 项，科学数据共享平台的 4 项，网络科技环境平台的 3 项，科技文献

共享平台的 1 项，专业科技创新公共服务平台的 3 项，自然科技资源共享平台的 4 项。

科技基础条件平台建设项目的延续性是一个长期的任务。只有保持科学数据的连续性和完整性，不断更新数据，科学数据共享平台才能更好地服务于广大科研人员和其他专业人士，才能发挥其应有的作用。目前，科技平台管理体制与方式不适应平台开放共享的要求。而且科技基础条件设施建设重复、分散、封闭和功能薄弱的问题也非常突出。由于这些平台归属不同部门、不同区域、不同行业进行建设，难以形成集约效应；科技平台的利用率低，共享机制缺乏，无法有效满足社会需求。

5.7 科技资源的区域、学科偏颇，分布差异较大，区域科技基础条件平台建设特色不足

随着山西省经济发展，山西省政府也在积极推动各地区域经济协调发展，山西区域经济发展纳入了山西经济社会发展总体战略，山西省资源空间配置和空间发展战略正在成为山西省经济发展重要推动力量。区域科技基础条件平台是国家科技基础条件平台的基础和组成部分，是促进区域创新体系与区域经济发展的重要支撑基础。目前全国许多省市都在建设本地区的科技基础条件平台，但在建设时未能充分考虑本地经济发展和科技人才资源的特点，未能充分考虑服务于本区域科技创新的需要，呈现出区域科技基础条件平台建设趋同的现象，缺乏特色。

从前面分析可以看出，山西省科技基础条件平台项目是按照学科和行业分配科技资源，缺乏按区域经济布局的思路，没有跟上山西省区域发展战略与布局，使得山西省科技工作在山西省区域经济发展中存在一定的被动局面。数据资源建设机构的地理位置分布极不均衡，41.6% 的网站集中在太原地区。

除上述存在的各种问题之外，山西省科技资源共享工作还面临着其他一些突出的挑战，比如，科技平台资源共享机制尚不健全，开放服务水平有待进一步提高，对重大科技创新活动和企业技术创新的支撑能力还不够强；科技资源配置与创新需求有效衔接不够，科技资源配置及开放共享围绕企业的需求设计不足；科技服务大多是根据自身的业务和职能部门的需求进行的，缺乏战略层面对数据的把握；大量的原始科技数据有待分析、提炼和挖掘，无法为科技管理和决策带来进一步的价值，等等。

6　山西省科技基础条件平台建设研究

科技基础条件平台运行的本质是一个资源共享的机制体系，其管理的核心是建立统筹、协同、共享、高效的管理体制。山西省科学数据共享的建设需统筹兼顾，统一规划，立足省情，合理安排，实现科学数据资源的规范化管理与高效利用。

6.1　科技基础条件平台建设的基本特征

科技基础条件平台是一个国家或地区创新活动的公共服务平台，其目的就是向社会成员开放共享平台各种资源。山西省科技基础条件平台是属于山西省科技发展的基础设施，是山西省科技创新体系的重要组成部分，是山西省科技创新活动的公共平台，它具有全社会共同享有的属性，其要求平台资源为全社会所有科技创新活动成员共同服务、联合使用，使其共同受益。

在一定的社会或地区，科技基础条件平台具有一种公有性而非私有性、一种共享性而非排他性、一种共同性而非差异性时，我们就认为其具有公共性质；同时，科技基础条件平台向全社会提供公共技术和服务为主，关系到国计民生和社会进步，是政府协调社会发展不可缺少的技术支撑，不以营利为主要目的，所以，科技基础条件平台具有了公益性的性质。

作为科技发展基础建设的科技基础条件，其基本特征就是基础性、公共性和公益性，其提供的公共产品服务特征又决定了科技基础条件平台只能由政府进行主导发展，同时在市场经济社会鼓励支持社会力量参与科技基础条件平台的建设与发展。

6.2　科技基础条件平台定位

山西省科技基础条件平台是推进科技进步与创新的重要基础和保障，旨在加强山西省科技资源的整合与优化，构建公益性、基础性、服务性的科技物质和信息保障系统，形成涵盖科研设施、科研仪器、科学数据、科技文献、生物（种质）资源、实验材料等科技资源的共享服务平台体系，强化对前沿科学研究、企业技术创新、大众创新创业等的支撑和服务。

6.3　科技基础条件平台功能

科技基础条件平台建设是开放共享，其长久发展是一项系统工程。在这个系统工程的发展过程中，科技基础条件平台的各种资源要素将不断地向该系统进行输入。科技基础条件平台的系统性，形成了科技基础条件平台特定的功能。

6.3.1 科技资源整合和保护资源的功能

科技资源作为科技发展战略性资源，具有一旦丢失和灭绝将难以恢复的特点，对科技和社会经济长远发展具有非常重要的意义。山西省科技基础条件平台的建设主要是针对山西省科技资源多头分散管理、重复建设、相互交叉、效率不高的各种问题进行的整合。科技资源积累和维护需要长期、不间断的投入，而科研机构和研究者不愿或无力进行这方面投资，需要国家从整体和战略角度重视并加强投资。山西省科技基础条件平台加强了科技资源建设，使山西省科技战略资源得以整合、积累和维护。山西省科技基础条件平台建设既要以整合资源为主线，以共享资源为核心，在盘活存量资源的同时，加强对资源的集成、处理、挖掘、保藏和质量完善，又要根据需要，开展增量资源建设与布局，为社会提供最新、最优、最权威的科技基础条件资源。

6.3.2 实现资源共享和服务社会的功能

山西省科技基础条件平台可以为山西省内科技创新活动提供科技物质。提高山西整体科技创新能力，不仅需要创新的人才、创新的机制，而且需要有创新的环境，需要为全社会所有从事科技创新活动的人提供科技创新活动所需要的条件。山西省科技基础条件平台将服务于全社会所有从事科技创新活动的人员，一方面，为山西省科研人员提供相应的科研条件和手段，使他们能够进行正常科技创新活动；另一方面，科技基础条件平台开放共享，打破科研条件和设备等部门和个人垄断，为所有愿意从事科研活动的人员提供科研活动的条件和场所，提供人才脱颖而出的沃土，为全社会的科技创新活动提供普遍的公共服务。

6.3.3 支撑科技创新和实现科技创新的功能

科技基础条件平台能够大幅度地提高山西省科技基础条件保障能力，缩小山西科技基础条件与先进省市的差距，为山西实现科技跨越式发展提供强有力的支撑。科技基础条件平台开放共享，在为社会提供丰富的科技基础条件资源的同时，通过服务机制创新，建立适合平台科技资源特点的共享服务模式，为用户提供方便、快捷、高质量、高水平的服务，有效支撑山西省科技创新发展，满足山西省经济社会发展的需求。没有良好的国家科技基础条件，就不可能具备强大的科技创新能力，也不可能拥有较高的科技创新水平。科技基础条件平台将充实、完善和整合山西科研环境条件，缩短科技基础条件方面与其他省市的巨大差距，发挥科技基础条件的整体实力和服务能力，只有这样，才会吸引一流的科技创新人才进入，才能支撑起一流的科技研究活动，才能提升山西科技创新的整体水平，实现山西科技的跨越式发展。

6.3.4　具有资源管理和提高效率的功能

科技基础条件平台在运行服务过程中，借助现代信息技术和相关评估方式对现有各类资源的开放利用情况进行跟踪与监测评价，并对科技资源进行统计分析、综合利用和预测，为科技管理部门在资源配置、增量资源建设与布局等方面提供相关决策依据。而且，科技基础条件平台还可以节约政府科技投资，提高科技资源的利用效率。对于科技基础条件中许多重大工程：重点实验室、重大科学工程、重大科学仪器等，具有投资大、整体性、公共使用等特点，如果科技资源分散投资，每个科研机构或科技项目都进行这些基础条件投资，则使工程重复建设、仪器设备闲置、利用效率低，从而造成资源浪费，使有限的科技资源不能得到有效使用。通过国家科技基础条件平台建设，集约科技资源，建立数量适中、布局合理、学科兼顾的国家重点实验室、重大科学工程中心，加强这些工程和设备的共享水平，提高其利用效率，以合理配置和有效利用科技资源，提高国家科技创新整体实力和效率。

6.4　科技基础条件平台建设主线

山西省科技基础条件平台建设是以山西省内的科技资源系统整合为主线，对省内的科技资源存量进行集聚整合，对科技资源增量进行合理调配，实行战略重组，进行系统优化。科技基础条件平台的基础是科技资源，有了科技资源才可能具有对外提供服务的产品。科技资源大多具有很强的公共性和基础性，是科学研究、企业创新和大众创业必不可少的支撑条件。随着山西省对科技经费投入的增长，许多科研单位积累了丰富的科技资源，但在现行体制下，多头管理、重复建设、使用效益低下的现象还依然存在。科技基础条件平台建设是按照统一的标准规范，对现有的存量资源进行整合，充分发挥不同类型资源的优势，形成 1+1>2 的效能，使资源发挥其最大效益；提高科技经费投入使用效率，在盘活存量资源基础上，根据科技创新和经济社会发展需求进行增量资源建设和配置。科技基础条件平台建设是以存量资源整合与优势资源单位之间联合为基础的一项系统性的工作。

6.5 科技基础条件平台建设核心

山西省科技基础条件平台建设以建立山西省科技资源开放共享机制为核心。只有整合形成科技基础条件平台的资源基础，才能对外开放共享、提供高效服务，才能使科技基础条件平台活起来，才能体现科技基础条件平台价值和意义。科技基础条件平台不是以搞研究为主，而是支撑科技工作者开展科技创新、服务于经济社会发展的一项长期性的系统工作。

6.6 科技基础条件平台建设关键

科技基础条件平台的建设关键是机制创新。科技基础条件平台资源整合的一个主要任务是推进资源优势单位之间的联合，要把资源优势单位有效组织起来，其核心是要靠一个有效的机制与政策。科技基础条件平台的组织保障、政策制度、标准规范、运行机制、投入机制、评估监督机制等是资源优势单位紧密联合的纽带，是保障平台高效运行的关键。政策机制就像一个"黏合剂"，有序地把资源优势单位连接在一起，形成一个资源丰富、功能完备的支撑服务体系。

6.7 科技基础条件平台建设目的

科技基础条件平台建设是以全面提高山西省科技创新能力和增强山西省综合经济竞争力为目标，建设成为拥有丰富科技基础条件资源信息和强大应用服务功能的专业化科技门户网站。山西省科技基础条件平台建设的目的是提高科技资源利用效率和效益，针对各种需求，深度挖掘科技资源，开展各种科技资源服务，使科技基础条件平台在科技、经济、社会发展过程中的效益达到最大化；通过盘活存量资源，合理布局增量资源，避免重复建，努力提高科技经费投入的效益，真正发挥平台运行服务的效能，更有效地支撑科技创新与经济社会发展。科技基础条件平台是科技创新体系的重要内容，是创新能力建设的基本途径，加强科技基础条件平台建设运行，不断创新机制，坚持"以用为主、开放服务"的原则，促进科技基础条件平台高效、有序、持续发展，为社会科技创新和经济发展提供强有力的支撑。

7　山西省科技基础条件平台发展的建议措施

科技基础条件平台是科技创新活动的物质和信息保障，是科技创新成果产生和转移的基础，是科技人才成长的摇篮，科技基础条件平台建设涵盖了几乎所有支持科技创新的基础或条件。山西省科技基础条件平台的建设是通过搭建公益性、基础性、战略性的科技基础条件平台，有效改善科技创新环境，增强科技创新持续发展能力，为科技长远发展与重点突破提供强有力的支撑。它是服务于全社会科技创新的信息化、网络化、智能化的基础性支撑体系。科技基础条件平台的建设是以建立共享机制为核心，以资源整合为主线，依据"整合、共享、完善、提高"的原则，坚持资源共享、平台共建、服务共管、效益共赢的建设宗旨。

随着全球竞争的日益加剧，科技创新能力的提升成为各国竞争的焦点，而决定一个国家和地区科技创新能力的关键因素之一就是科技基础条件平台的建设。发达国家和新兴工业化国家已经把科技基础条件平台建设作为提高核心竞争力的重要手段。结合发达国家和我国发达省市科技基础条件平台建设的经验和管理措施，对山西省科技基础条件平台建设与发展提出一些建议和措施。

7.1　强化顶层设计，因地制宜，规划平台总体布局和构架，制定切实可行实施方案

发达国家对科技基础设施条件的重视，不仅表现为管理政策和制度保障完善，还表现为政府在科技基础设施建设中强化顶层设计，加强各领域资源整体布局。2015 年，美国数据创新中心发布的对八国集团数据开放宪章报告，根据各种评价指标整体考核后指出，英国在分领域建设和布局专业化方面的科学规范的科技基础条件平台也是推动英国数据开放共享的重要因素。

我国一些省市地方科技平台在贯彻落实国家科技基础条件平台纲要指示精神的同时，结合本地的实际情况，在全省（市）层面强化平台顶层设计，进行平台建设与发展的统筹规划，制定出本省科技基础条件平台实施方案和科技平台中子平台的配套措施及管理办法。本着科技基础条件平台"整合资源、开放服务"的宗旨，一些省市政府结合本省自身特色和社会经济发展需求，通过顶层设计全省（市）科技基础条件平台构架和系统布局，大力提升科技基础条件

资源的支撑保障能力。在科技基础条件平台的建设过程中，政府注重加强各部门的组织协调工作，建立平台发展指导的协调机制。

山西省科技基础条件平台的建设不能完全照搬国外或其他省市科技基础条件平台的成功经验或模式，应该充分调研山西省本地实际情况，本着科技基础条件平台"整合资源、开放服务"的宗旨，结合自身特色和社会经济发展需求，立足本省区域经济结构和产业结构转型发展，遵循山西省地方经济社会整体发展要求，制定适合山西省科技创新发展的科技基础条件平台建设规划，选择优势领域和优势产业重点发展。

开展顶层设计，编制政府科技基础设施条件开放共享计划，对于科技基础开放共享工作有序开展举足轻重。在规划科技基础条件平台总体布局和总体构架时，必须要有非常清晰和明确的总体思路来指导基础条件平台的建设和发展，要本着从优化山西省区域创新环境、强化科技创新基础设施建设的基本理念出发，认真贯彻国家四部委的通知精神，在山西省内形成共识，制订切实可行的科技基础条件平台建设与发展的实施方案并组织实施。

推进科技基础条件设施建设与发展的总体布局，是促进山西省科技创新资源高效利用和推进山西省区域经济发展战略以及特色优势产业创新发展的重要内容，也是山西省进一步加强宏观科技管理的内容。要紧紧依据国家经济社会发展战略和山西省经济社会及科技发展战略的整体格局，开展科技基础条件平台的规划工作，并在山西省"十三五"科技规划中优先发展领域、重点发展项目的设计安排中，将重点项目体现落实到科技基础条件平台总体构架。

加强政策引导，合理引导科技基础条件资源的宏观布局，积极制定科技基础条件资源共享的方针和政策，注重加强各部门的组织协调工作，建立平台发展指导的协调机制，充分激励不同科研主体进行深度合作。另外，在基础平台建设方面，政府应该加大资金和人才投入，为山西省科技基础条件设施广泛、深度的共享打下坚实基础。

山西省科学数据共享的建设需统筹兼顾，统一规划，立足省情，合理安排。实现科学数据资源的规范化管理与高效利用。充分调查研究，开展科技基础条件资源调查，因地制宜，摸清自然本底和动态变化状况，为山西省科技原始性创新、重大工程建设和政府宏观经济社会发展决策提供支撑。

7.2　加大科技基础投资力度，加强项目建设持续性支持，大力推进平台资源整合与建设工作

科技基础创新基地是国家和区域创新体系的重要组成部分，是组织承担区域重大科技创新任务、开展驱动创新、培育产业自主创新能力的重要载体。加强对科技基础设施和条件的建设、提升科技基础支撑能力，对满足区域产业结构调整和产业升级、推动区域产业技术创新有着非常重要的基础性作用。

自 20 世纪 90 年代以来，世界各国采取各种措施加强科技公共服务平台的建设和公共财政支持。美国政府实施国有科学数据完全开放与共享国策，财政设立专项资金连续支持数据中心群的建设，并利用法律手段保障其信息畅通。美国联邦政府在其 R&D 总投入中专门列支"研发设施"一项，每年还有占年度国民总收入 8.22% 的资金投入，用于信息和通信基础设施建设的完善，促进数据的网络化，加快信息和知识的传播。

研发投入强度是国际上通用的反映一个国家和地区科技投入水平的核心指标。2014 年，山西省 R&D 经费投入为 155 亿元，占 GDP 的比重为 1.23%。虽然投入强度创历史新高，但与全国 2.08% 的水平相比还有一定差距。

2015 年，山西省 R&D 经费支出占 GDP 的比重为 1.19%，没有上升反而比 2014 年有所降低。从中部六省的情况来看，湖北、河南、安徽、湖南、江西 R&D 经费投入强度分别占本省 GDP 的 1.87%、1.14%、1.89%、1.36% 和 0.97%，山西省投入强度排第 4 位，整体而言还处于较低水平。与山西省周边部分省市规模比较，山西省是处于中游水平，但和发达省市比如天津（2.95%）、陕西（2.07%）相比还是有很大差距。与全国其他省市比较，山西省 R&D 经费支出与 GDP 比值处于下游水平，北京 R&D 经费支出与 GDP 比值为 5.96%，上海 R&D 经费支出与 GDP 比值为 3.66%。

2015 年，在区域科学研究和技术服务业新增固定资产的投入，山西省无论在中西部地区还是与周边的部分省市比较都是最低，山西投入为 32.05 亿元，中西部地区投入最高的是湖南省 168.61 亿元；周边省份最高的是陕西省 190.34 亿元。在科研物质条件经费投入比值方面，山西省是 38.65%，比全国的平均水平 46.54% 还低 7.89%。科技基础条件方面的投入，山西省为 38.65%，低于全国在科技基础条件方面的资金平均投入 46.54%。

高水平的创新投入强度是提高地区创新能力的重要保障。山西省要稳定增加财政科技投入，将科技投入作为省财政预算保障的重点，确保财政科技投入

增幅高于财政经常性收入增幅。山西省政府要高度关注科技创新基地建设，加大对科技基础条件设施的资金投入和政策倾斜，改善山西省的科学研究设施和条件，加强山西省创新能力建设，提高山西省本地特色优势产业和创新主体的研发能力和服务水平。

7.3 实行全生命周期规范化管理机制，保障科技基础条件资源规范、持续、稳定运行

科技资源开放共享是一个复杂的系统工程，从数据的产生与汇交、数据的保管和使用、数据的评价和监管、数据开放和共享的保障等多方面，都需要涉及利益各方的配合与支持。实现数据持续积累与更新，建立重点科学数据库，建设科技数据长效发展机制，支持重点领域大型科学数据库、信息库的数据采集、整理与保藏，确保重要数据和信息长期保存与持续更新。

世界知名的数据管理中心，如美国、英国等国家的数据管理及维护通常都按照科学数据全生命周期进行规范化的管理和运行，探索出不同的项目在全生命周期中有着各自不相同的数据管理需求，在全生命周期管理数据方面取得了突出的进展和成效。科学数据和信息资源的全生命周期，是从科学数据和信息资源可用、易用和可追溯到科技资源具有的形成、成长、成熟、衰亡的生命过程，包括科技数据的生产、处理、分析、保存、访问及重新使用等阶段。

加强科学数据和信息资源全生命周期管理，实行全生命周期规范化管理机制，保障科技基础设施条件的全链条和系统化管理，以资源共享为重点，开展科技基础条件资源的全链条管理。科技资源管理工作与科技基础条件资源的全生命周期必须紧密契合，在科技资源形成、成长、成熟、衰亡的过程中，科技资源管理分别表现为资源的规划设计、生产获取、加工维护、共享服务、配置利用以及最终处置等。当前，科技资源共享依然是科技资源管理的重点环节，需要在着力推进科技资源开放共享的同时，积极做好包括配置布局等在内的科技资源全链条管理。

围绕科技资源产生获取、加工维护、最终处理等环节，加强相应政策措施的研究制定，推进各环节的科学管理；加强对区域、机构科技资源管理的评价，通过发布评价结果、开展绩效补偿等措施，进一步营造推进科技资源管理的良好社会氛围，完善科技资源开放共享服务平台的运行管理制度，推进科技基础条件平台建立健全与开展基础性、公益性科技支撑服务相适应的管理体制和运

行体制，保障科技基础条件资源规范、持续、稳定运行发展。

7.4　提升公民科学素养，提高社会科技资源共享意识，营造资源开放共享良好社会环境

　　开放的科学研究便于吸引公众参与到科研问题充分讨论之中，培养新一代的"科学公民"，使得科学研究的视野更宽，社会更容易接受，科学研究成果也更容易推广。开放性科学研究在当今"数据密集型科学"范式的背景下，有着很大的优越性。不同的研究者会从各自不同的角度对数据进行解读、分析、整理或建模，从而可能产生更丰富的成果，催生更大的社会效益。

　　科技基础设施与数据开放与共享给人们带来许多意想不到的有利之处。首先，科学数据的开放与共享可以降低科学家的研究成本，加快科学研究的进程。比如，2015 年 5 月，德国大面积爆发了非常严重的胃肠道感染，德国学者把相关症状的测量数据和信息公布到网上，很多国家的科学家根据他们提供的数据，在 3 天以后就发布了病毒的基因草图。其最终结果是遏制了一场公众健康危难的爆发。其次，开放数据政策很多时候能带来可观的经济利益，特别是宏观经济效益。隶属美国海洋与大气管理局（National Oceanic Atmospheric Administration，NOAA）的国家气象服务局（National Weather Service）将它的气象数据放到网上后，极大地刺激了私有气象服务市场的发展，因此每年创造的价值高达 15 亿美元。最后，开放数据还能产生可观的公共和社会效益。数据的本质就应该是开放的，特别对于公共资助的研究项目来说，因为它的目的就是为了使公共利益最大化。事实上，目前有不少国外的私营企业也接受开放式创新的做法，这样可以将外来的思想和创意用在企业的产品或服务的开发上。

　　要想公民接受这些全新的可能性，需要在校内外进行培训和文化教育。要促进整个社会——从科研人员到普通公民——的数据素养。作为公民自身权利的一个重要领域，必须大力提倡数据科学。采取多种方式，宣传和弘扬科技基础条件资源共建共享的理念，提高社会公共资源的共享意识。要加强宣传，增加透明度和问责制，以开放的格式、在线的方式持续发布科学数据信息。促进政民互动，在公共服务中，吸纳公众意见，引导、加强公众参与，要让公众参与到科学活动中，以及通过开发共享的数据从事学术活动。许多民众都希望了解关于特定事项的一些科学方面的认识，这些特定事项往往关系到他们个人，如疾病。改变民众参与科学活动的性质。用参与、互动机制，引起社会关注，

从而促使政府部门增强开放意识。

加快培育聚集科技基础条件资源人才队伍。人才是经济社会发展的第一资源，创新驱动实质上是人才驱动。广泛开展科技教育、传播与普及，提升全民科学素质整体水平。要加强科普和科技基础条件共享文化建设，实施全民科学素质行动，全面推进全民科学素质整体水平的提升，弘扬科学精神，增强科技基础资源开放共享与公众的互动交流。

与科普活动相结合，创造开放条件，使越来越多的社会成员享有使用平台资源和参与科技创新的机会，促进全民科学文化素质的提高。数据的使用和评价必须嵌入到所有课程中——从小学到博士后科研工作站。欧盟科学研究与发展项目包括了数据培训和技能。

7.5 加强科技资源的分类管理，合理配置现有研发资源

科学数据是科技创新的重要对象与条件。随着大数据时代的到来，越来越多的科学研究和发现依赖于全面、完整、准确的科学数据的收集、利用与管理。在坚持"顶层设计、优化布局、重点建设、持续发展、分类推进、分级管理、创新机制、强化服务"的基本原则的基础上，以财税〔2016〕70号文为纲全面推进科研设施和仪器开放共享，加强对科技数据分级分类管理，根据科技基础条件平台所属领域和资源类型进行优化整合，实现科技资源的高效配置和合理利用。

科研仪器设施、科学数据和信息、生物种质和实验材料3类科技资源的属性特征有很大不同，各类科技资源管理方式、手段有较大差异。提高科技资源管理的专业化水平需要针对不同类型的科技资源，制定有针对性的管理政策和制度，采取不同的开放方式、评价方法和支持引导措施。

需要针对不同类型的科技资源，制定有针对性的管理政策和制度，采取不同的开放方式、评价方法和支持引导措施。科研仪器设施是科技创新活动的主要工具，其质量和规模是反映国家科技实力的重要指标。科研仪器设施管理要积极推进仪器设施面向社会的开放共享，特别是引导高校、院所的仪器设施向企业以及全社会的开放服务；要提高科研仪器设施的自主研发能力，增强科研仪器设施对高端前沿科技创新的支撑。

科学数据与信息是科研观测、科学研究活动的成果，也是科技创新的重要对象与条件。加强科学数据与信息管理需要加强对科技创新活动产生各类数据

信息的采集和加工，做好数据的挖掘和利用；要做好科学数据信息的分级，在保障知识产权的前提下推进资源的共享；要结合大数据时代的发展需求，研究利用科学数据信息开展公共服务的措施。

生物种质和实验材料大多为自然界存在的科技资源，是科技创新活动的重要对象和条件，其收集、加工、保藏和利用具有独特性。生物种质和实验材料等科技资源的管理需要加强对资源收集、加工、保藏等环节的标准化；做好动物种质、植物种质、微生物种质等科技资源的保藏；加强实验动物、试剂等实验材料的管理，出台相关措施使科研工作者能够方便、快捷地获取。

7.6　以需求倒逼发展，促进科技资源管理与重大科技创新活动的紧密衔接

通过需求导向"倒逼"平台建设与管理改革，促使科技信息资源共享服务由"资源集聚"向"需求导向"转变的核心就是市场化，包括市场化的信息资源需求导向、市场化的平台服务形式、市场化的平台管理手段及市场化的人才队伍建设。由"资源集聚"向"需求导向"转变不仅要贯穿于科技平台建设与管理服务的全过程，更要契合到企业研发创新的全过程，让科技基础条件平台真正为促进科技成果转移转化、提升企业创新能力和竞争力提供支撑，成为山西省建设国家全面创新改革综合试验区的有力保障。

增强科技资源对企业创新、大众创业和区域发展的支撑科技资源是科技创新活动的基础条件，应切实发挥科技资源对国家重大科研任务（国家科技重大专项、国家重点研发计划等）的支撑保障作用，增加资源供给力度和精准度。围绕高端前沿科技创新，规划部署一系列"高、精、尖"的重大科研基础设施，加大对其运行服务及升级改造方面的支持，支撑产出具有国际领先水平的科学发现和技术成果。同时，要加强对重大科技创新活动产出科技资源的收集、整理和加工利用，保障优质科技资源的持续积累和循环，为科研人员方便、快捷地获取高质量科技资源创造更好的环境和条件。

科技资源管理工作要主动进入经济社会发展市场，加强对企业创新、大众创业和区域发展的支撑服务。要深入分析企业创新和大众创业对科技资源的现实需求，引导资源单位提供科研仪器设备、公益类科技数据等资源服务，为创新创业营造良好支撑环境。优化科技资源布局，引导科技资源的合理流动，激发科技资源对山西省区域创新发展的辐射带动作用。以整合存量资源为主，整合与建设发展进行。

加快科学数据和信息资源集聚，打造数据中心以科学数据和信息类科技基础条件平台为基础，突出重大问题和需求导向，紧密衔接重大科技创新活动，加快资源集聚，集中力量打造一批具有领域、行业优势的权威性科学数据中心。以信息化项目为切入点圈定公共信息资源开放范围。我国信息化管理从 20 世纪 80 年代末开始，积累的信息系统不胜枚举。与国外从业务活动中识别数据的做法相比，信息化项目较易进行数据编目，适用于我国政府数据开放初期。以数据编目为抓手，确定开放数据内容。在编目中，将信息系统中的数据集著录为具有基本信息的目录，从而逐步勾画出拟开放轮廓。

应依据国家政策做好科技资源的管理工作，同时注重结合市场化手段，积极推进科技资源面向企业创新和大众创业开展对接和服务。高等学校、科研院所、国有企业等是科技资源的直接管理者和拥有者，应承担起法人主体责任，认真落实国家、部门和地方的相关政策和规定，在具体实践中进行创新探索。做好科学数据与信息资源的采集、加工、挖掘、利用和分级分类，支持科学数据与信息资源的持续更新与积累。

7.7 建立完善的科技基础条件平台绩效考核体系，提高科技资源的使用效率

为了提高科技资源的使用效率，需对科技平台的使用情况进行考核和评估，丰富和完善科技资源管理机制。建立相关的问责制，对相关的责任人进行监督。每年要根据研究成果、用户的满意度、管理状况等进行考核，以考核结果决定经费支持额度，甚至相关机构和项目负责人的任免。良好的绩效考核机制能够促使负责人主动与上下级进行沟通，改进工作，提高管理水平，同时，又是对负责人的个人能力和整体素质的考评，从而达到选贤任能的效果。

建立健全科技数据管理约束与激励机制，创新科技资源评估评价方式，丰富和完善科技资源管理机制。进一步明确科技基础条件资源建设的基本目标，围绕此目标，确定科技资源质量控制的基本标准，以此指导和约束相关部门逐步以整合存量资源为主，以补充增量资源为辅。针对不同类型、不同建设阶段、不同领域科技资源确定适宜的质量评价体系。建立科技资源开放共享评价反馈与激励机制，将评价结果作为科研管理工作、项目验收、工作成果汇总等方面的考核参考。评估评价是科技资源管理的重要手段。要加强对科技资源支撑能力的评估评价，针对不同类型的科技资源特点，制定差异化的评价指标，并采取相应的评价考核方法；研究发布科技资源指数报告，从国际国内、学科领域

以及法人单位等不同维度进行分析比较，综合评估科技资源管理与利用情况；充分发挥社会评价监督的作用，加强科技资源共享和利用信息的公开；将评价评估与资源配置工作结合，将评价结果作为资源配置和后续支持的重要参考依据。要进一步完善和丰富科技资源管理的支持方式。在继续落实《国家科技计划及专项资金后补助管理规定》，加大国家科技基础条件平台共享服务的后补助支持力度的基础上，积极探索建立普惠性的支持方式，推动全社会科技资源"动起来，用起来"。研究设立科技资源能力建设专项，对科技资源从建设形成、运行维护到共享利用进行统筹考虑和支持；提高合理配置资源的水平和能力，深入开展大型科研仪器申购的联合评议，注重资源建设的边际效应，提升财政投入效率。

8　山西省科技基础条件平台建设与发展规划研究

8.1　指导思想

全面贯彻党的十八大和十八届三中、四中、五中、六中全会精神，按照国家创新驱动发展战略总体要求，认真落实《"十三五"国家科技创新规划》和《中国共产党山西省第十一次党代会工作报告》决策部署，以增强山西省科技创新能力、夯实山西科技创新物质基础为主线，通过科技体制机制改革和制度创新，搭建具有公益性、基础性、服务性的科技基础条件平台，全面推进山西科技基础条件资源建设与开放共享，大力提升科技基础条件资源的支撑保障能力，有效改善科技创新环境，增强持续发展能力，按照山西省第十一次党代会绘就的新蓝图、标定的新目标，为山西省逐步实现振兴崛起的宏伟目标提供有力支撑。

8.2　建设原则

8.2.1　区域发展需求与国家总体布局相结合

以提升科技创新能力和支撑科技重大突破为目标，加强科技基础条件设施建设，按照国家科技基础条件平台总体布局，建设适合山西省区域经济社会发展和行业及产业特色的科技基础条件平台，加强平台优化整合，创新平台管理体制和运行机制，促进科技基础条件资源开放共享，夯实自主创新物质技术基础。

8.2.2 资源共享服务与提供支撑保障相结合

以科技资源开放共享为核心，全面推进山西科技基础条件资源建设，形成涵盖科研仪器、科研设施、科学数据、科技文献、实验材料等的科技资源共享服务体系，健全分级分类管理的科技资源共享服务体系，围绕科技重大专项、培育发展战略性新型产业和转型发展等重大需求，大力拓展基础科技资源服务经济社会发展功能，为科学研究和创新创业发展提供支撑保障。

8.2.3 资源统筹规划与分步实施相结合

强化顶层设计和统一规划。按照不同类型科技基础条件资源的特点和发展规律，结合山西省发展需求，突出重点，试点先行，分阶段积极稳妥地推进平台建设。围绕山西省优势产业发展的重点领域和经济社会发展的重大需求，对公共性、基础性和优势领域的平台项目优先支持。

8.2.4 优化资源配置与形成长效发展机制相结合

按照整合、共享、完善、提高的要求，有效调控增量资源，激活存量资源，最大限度发挥现有资源的潜能。实现山西省科技资源的战略重组和布局优化，防止盲目重复建设；实现山西省特色资源库藏不断增加、保存和利用水平持续提高的科技资源，推动行业科技资源与企业需求有效对接，实现科技资源长期积累。

8.2.5 加强科研条件建设与提升科研条件保障能力相结合

以提升原始创新能力和支撑重大科技突破为目标，发挥政府在公共科技资源供给中引导激励作用，加强保障研究开发的科技基础条件建设，充分调动高等院校、科研院所、企业、中介机构、行业协会等各方面的积极性，多元化投入、参与资源整合与建设，强化科技创新的物质和条件基础，提升科研条件保障能力。

8.3 建设目标

力争用3年时间，建立健全科技资源开放共享制度，建成全省统一开放的科技资源网络管理服务平台，形成覆盖全省的科技资源服务体系，实现科技资源配置、管理、监督、评价全链条有机衔接，基本解决科技资源分散、重复、封闭、低效的问题，资源利用率和开放共享水平进一步提高，专业化能力明显增强，对科技创新的服务和支撑作用大幅度提升。

力争到 2020 年，初步形成布局合理、功能明确、满足山西省发展动力深度转换和经济结构全面升级新阶段的需求，与在转型创新中山西省整体经济社会发展水平相适应的科技基础条件能力保障体系。

8.4 主要任务

（1）以贯彻落实国务院《关于国家重大科研基础设施和大型科研仪器向社会开放的意见》（国发〔2014〕70 号）文件为契机，加快推进大型科研设施与仪器为核心的科技资源开放共享，健全分级分类管理的科技资源服务体系，强化科技条件资源开放共享与服务平台建设。

（2）加强科技条件资源建设，结合区域科技资源禀赋与战略发展需求，优化共享服务平台建设布局，支撑经济社会发展战略和科技创新，夯实科技创新的物质基础。

（3）建立促进开放的激励约束机制，创新科技资源评估评价方式，进一步完善科技资源管理运行机制，提高合理配置资源的水平和能力，推动新增科研设施与仪器合理布局，加强评估考核，强化稳定支持。

8.5 建设重点

围绕山西省产业结构转型发展战略需求及优势产业、战略型新兴产业及区域特色产业发展，建设专业性、行业性和区域性公共服务平台，以创新服务水平，提高自主创新能力，做好"煤"与"非煤"两篇大文章。

8.5.1 强化科技条件资源共享服务，支撑科技创新和经济社会发展

（1）加快完善统一开放的"山西省科技资源开放共享网络管理服务平台"，形成涵盖科研仪器、科研设施、科学数据、科技文献、实验材料等的科技资源共享服务平台体系，将所有符合条件的科技资源纳入统一网络平台管理，充分发挥平台牵引作用。

按照统一标准、统一规范，大力推进科技资源管理单位建立在线服务平台，统一纳入"山西省科技资源开放共享网络管理服务平台"，向社会实时提供在线服务，逐步形成跨部门、跨领域、多层次的网络服务体系。

（2）开展科技资源调查，做好大科学装置、大型科学仪器设备、科学数据信息、生物种质库（园、圃、场）等各类科技资源的采集、加工与整理，建立

科技资源开放共享目录和数据库。以摸清财政投入形成的科技资源家底为目标，加强科技资源调查的制度化、规范化、系统化、特质化建设。

加强调查数据的分析利用，推进科技数据的分级分类公开发布，强化科技资源调查对象对重点科技工作的支撑。

（3）强化各类科技创新基地对社会的开放，按照创新基地特点实行分级分类开放共享，面向社会提供开放共享服务。推进并完善能够为山西省重点行业产业转型升级和战略性新兴产业发展和科学研究提供支撑服务的重点实验室、工程技术研究中心、高性能计算中心、科研中试基地、检验检测机构、分析测试中心、科技企业孵化器等各类创新平台基地开放共享制度，将创新平台基地开放共享服务纳入考核指标。

（4）加快建立高校和科研院所开放服务绩效考核评价机制和后补助机制，根据评价考核结果，对科技资源管理单位实施奖励或惩罚，充分调动科技资源管理单位开放共享积极性，提高科技资源利用率。

根据考核评价指标，定期对科技资源管理单位资源的运行情况及开放效果等进行分类评价考核。考核评价结果在"山西省科技资源开放共享网络管理服务平台"向社会公布。以评价考核为基础，对开放共享工作成效突出的单位进行后补助；对于考核评价结果不过关的管理单位，在网上予以通报限期整改，并给予各种相关处罚。

8.5.2 加强科技条件资源建设，夯实科技创新物质基础

（1）大型科研设施与仪器。在巩固完善"山西省大型科研设施与仪器开放共享网络管理服务平台"的基础上，对国家财政购置的各类科研仪器设施进行集约式管理，积极推进大型科学仪器、设备、设施的建设及面向科研院所、企业、全社会开放共享，逐步形成省内共享网络，提高仪器、设施的综合利用效益。

对山西省内现有的野外科学观测研究站进行摸清家底的基础上，进行评估、筛选、整合与重组，加快野外科学观测研究站信息化建设，改善野外科学观测研究站观测环境和科研条件，尽快形成一批联网运行和资源共享的综合性、专业性野外观测实验基地。

（2）生物种质资源与实验材料。对山西省境内生物种质保藏机构及其保藏种质资源的基本情况进行全面调查，摸清家底，系统规划，加强实验动物、植

物种质、微生物菌种、科研试剂、基因、细胞、土壤、水质资源、人类遗传资源、标准物质、岩矿化石标本和生物标本等资源的搜集、整理、保藏、安全保存和开放利用。形成体现区域特色、质量稳定、库藏不断增加、保存和利用水平稳定提高的保障体系，提高自然科技资源保障能力和服务水平。

（3）公共科学数据共享平台。对政府财政资助的科研项目获取与积累的科学数据资源，进行持续积累与汇集。对相关部门和行业长期持续积累的科学数据资源，以及国家科技计划项目的数据进行整理、汇交和建库。构建集中与分布相结合的省级科学数据中心群，形成山西省科学数据共享服务体系。

（4）公共科技文献共享平台。扩充、集成科技文献信息资源采集范围，建立长期稳定的科技文献保存制度。加大能够为山西省重点行业或产业水平提升提供信息支撑服务的专业科技文献服务机构的支持力度，积极推进面向突出专业领域特色的科技文献平台开展以企业、科研院所、高等院校和公众需求为导向的科技文献专题、定题服务。

8.6　保障措施

8.6.1　加强组织领导，强化相关部门工作协同配合

科技基础条件设施建设已经上升为国家的战略性高度，世界各国对科技基础条件建设的战略部署和规划空前重视。加强科技基础条件建设，提升科技创新能力，推动经济社会可持续快速发展，已成为山西省社会发展的重要历史使命。山西省科学数据共享建设需统筹兼顾，统一规划，立足省情，合理安排。要进一步提高认识，切实加强对平台建设的组织领导，加强宏观引导，加大对科技基础资源整合与共享的协调力度，充分调动各方面积极性，加强相关部门工作协同配合，建立健全相关规章制度、规范标准，形成统筹规划、协同配合的运行管理机制，实现齐抓共管、统一部署、高效服务的新格局。

8.6.2　加大财政支持力度，强化科技基础条件平台建设经费保障

加强科技基础设施和条件建设、提升科技基础支撑能力，对满足区域产业结构调整和产业升级、推动区域产业技术创新有着非常重要的基础性作用。山西省要稳定增加财政科技投入，将科技投入作为山西省财政预算保障的重点，确保财政科技投入增幅较大幅度高于财政经常性收入增长幅度。山西省政府要高度关注科技创新基地建设，加大对科技基础条件设施的资金投入和政策倾斜，

改善山西省的科学研究设施和条件，加强山西省创新能力建设，提高山西省本地特色优势产业和创新主体的研发能力和服务水平。调整与优化研究与实验基地等科技专项的经费构成，设立科技资源开放共享专项经费，按照科技资源开放共享绩效考核效果实施奖励。对科技型中小微企业购买创新服务、开展技术合作进行科技创新券政策补助。

8.6.3　加强制度建设，强化科技资源管理单位主体责任

为了提高科技资源的利用效率和共享水平，充分发挥科技资源对科技创新的服务和支撑作用，利用财政、经济、法规等手段推动科研资源的全面共享。围绕科技基础条件平台建设和科技资源管理与利用，立足实际，制定促进科技资源共享多层次系列政策法规、部门规章等制度建设，规范和保障科学数据共享系统的正常运行。强化科技资源管理单位主体责任，切实履行开放职责，根据科技资源特质和用户需求，建立相应的开放、运行、使用、维护管理制度，各行政主管单位加强对科技资源管理单位开放情况管理与监督职责。

8.6.4　实施绩效考核机制，保障对科技资源研发平台管理的有效性和投资的合理性

建立合理的组织结构和高效的管理体制，形成以绩效评价为基础的可持续支持机制，有利于平台的开放、共享和形成长效运行机制。科技基础条件平台建立稳定支持机制，从前期的立项、运行、维护阶段到平台运行服务奖励补助经费模式、运行方式及管理模式都有相关的工作机制。及时做好平台数据资源更新，提高共享数据服务数量和质量，提升服务水平，为经济社会发展做好服务。建立完善的绩效考核机制，建立相关的问责制，对负责人和研发资源的利用进行有效的监督。

第六章 山西省创新平台基地建设研究

当今世界，西方发达国家纷纷将加强本国科技创新基础设施建设作为提高国家竞争力、经济增长和就业水平的战略举措之一。科技创新基地是国家科技创新体系的重要组成部分，是科学研究、技术发展、科技人才培养的载体。科技创新基地与科技基础条件平台是科技创新的物质基础，作为国家创新体系的重要组成部分之一，是我国科技持续发展和科技创新发展的重要前提和根本保障。科技创新基地与平台最终目标是加强自主创新基础能力建设，进而完善国家创新体系建设。现在，我们国家正在逐步推进国家创新体系和中长期科技发展规划，国家科技基础条件平台建设计划和国家创新能力建设规划先后实施，结合科技进步、产业发展和人才培养的新形势与新要求，科技创新基地正面临新一轮改革发展的要求。我国已建成多种类型的科技创新基地，不同创新基地围绕创新链形成了较为完整的结构性布局，加强不同创新主体之间的协同创新，促进我国科技基础资源开放共享，提升创新效率，是推动我国科技创新基地进一步良性发展的重要使命。大力推进以国家实验室为引领的科技创新基地建设，加强基地优化整合，强化创新基地运行机制，促进国家科技基础条件资源开放共享，发挥创新基地物质基础作用。

1 建设高水平科技创新基地是国家"十三五"时期科技创新发展的重大举措

"十三五"时期是我国全面建成小康社会和在国际上迈入创新型国家行列重要的决胜时期，也是我国深入实施"双轮驱动"发展战略的关键时期。"十三五"时期，世界科技创新显现出新的趋势，我国经济社会发展也进入了新常态，国家非常重视科技创新基地的建设与发展。我国科技创新基地发展要和国家经济社会战略发展需求相结合，强力推进以国家实验室为引领的科技创新基地建设，充分发挥科技创新基地在经济社会发展过程中的物质基础作用。摸清各种类型基地现状，优化整合科技创新基地，强化科技创新基地运行机制，促进国家科技基础条件资源开放共享，建成世界高水平的科技创新基地。

《"十三五"国家科技创新规划》（以下简称《规划》）对我国建设高水平科技创新基地进行了重点专项规划，对国家科技创新基地"十三五"时期的发展思路、发展目标、发展的主要任务等提出了明确的要求。《规划》指出，"十三五"时期是我国建设创新型国家的决胜阶段，我国将由科技大国向科技强国迈进，我国科技创新步入以"跟跑"为主转向"跟跑"和"并跑""领跑"并存的新阶段。我国科技创新发展正处于从量的积累向质的飞跃、从点的突破向系统能力提升的突飞猛进的重要时期，科技创新基地在国家经济社会发展全局中发挥的作用越来越明显。随着我国在全球创新版图中的位势提升，建设世界科技强国必须要有与之相适应的科技创新基地。《规划》强调指出，围绕增加科技创新的源头供给，持续加强科技基础研究，布局重大科技创新基地建设与发展，壮大创新型科技人才队伍，力争在更多领域引领世界科学前沿发展方向，为世界人类科技进步做出更大贡献。

"十三五"时期，国家科技创新基地建设与发展以提升原始创新能力和支撑重大科技发展突破为宗旨，依托高等学校、科研院所布局建设一批重大科技基础设施，对于依托重大科技基础设施开展科学前沿问题研究给予大力支持；国家科技创新基地建设与发展以提升国家科技创新能力为目标，以国家实验室作为引领统筹布局规划国家科学研究基地建设，以此推动地方和部门按照国家科研基地总体布局建设适合区域经济发展和行业特色的各种科技创新基地，形成国家、部门、地方分层次的科技创新基地合理构架；科技创新基地建设与发展要进一步完善管理运行机制，加强科技创新基地建设过程中评估考核的过程管理，政策和经费给予稳定支持。加大持续稳定支持强度，开展具有重大引领作用的跨学科、大协同的创新攻关，打造体现国家意志、具有世界一流水平、引领国家经济社会发展的重要战略科技力量；建成若干国家科技基础研究中心和覆盖全国的网络化、集群化协同研究网络，促进国家科技成果转化应用。

2 科技创新基地和科技基础条件平台二者之间的关系

科技基础条件平台是在信息、网络等技术支撑下，由科技文献共享平台、科学数据共享平台、自然科技资源共享平台、研究实验基地和大型科学仪器、设备共享平台等组成，通过有效配置和共享，服务于全社会科技创新的物质支撑体系；是运用现代信息技术手段，有效整合科技资源，为科技创新和经济社会发展提供共享服务的网络化、社会化、系统化的组织体系；是通过优化科技资源有效配置，实现推动科技资源有效管理和开放共享的重要载体；是科技创新的物质基础和根本保障。进一步加强科技基础条件平台工作，推进科研设施与仪器、科学数据、生物种质和实验材料等科技资源的管理，对于增强自主创新能力、推动创新驱动发展具有重要意义。

科技创新基地是指为了实现国家战略目标这一宗旨，以提升科技创新能力、促进创新链各个环节紧密衔接、实现重大创新、加速成果转化与扩散为目标，建设设施先进、人才优秀、运转高效、具有国际一流水平的新型创新组织。开展创新基地建设，是贯彻落实全国科技创新大会精神，深化科技体制改革，促进科技与经济社会紧密结合，加快国家创新体系建设的重要举措，同时也是进一步转变政府职能，更好地服务于科技经济社会发展的具体部署。创新基地是为了国家、区域及产业发展，在某一特定经济和技术领域具有较强创新能力和持续发展能力的组织机构或系统。创新基地主要依靠高等院校、科研院所及企业成立的各种实验室和工程技术中心等。这些创新基地在其领域内具备较强的学科优势和持续创新能力，通过从事或组织重大创新活动，在工程开发、技术开发与工程化实验、成果转化、产品产业化等创新活动中发挥重要的作用。

创新基地是推动产业发展的平台，其发展需要科技基础条件平台的科技基础支撑，科技基础条件平台是提升创新产业竞争力的依托，需要以产业创新需求为基础。创新基地突出产业发展，以培养产业链和产业集群，形成完整的产业体系为目标；科技基础条件平台突出产业科技支撑，以建立健全产业技术创新体系，提升产业核心竞争力为目标，二者相辅相成、相互促进，共同推进产业发展。

3　我国科技创新基地具有的特征

确立创新发展理念，实施创新驱动发展战略是《中共中央关于制定国民经济和社会发展第十三个五年规划建议》提出的重大思想和重大战略，对创新在国家经济社会发展中的重要地位和作用做出了崭新概况，提出了"创新是引领发展的第一动力"，强调"让创新贯穿党和国家一切工作"。加快推动政府职能从研发管理向创新服务转变，推动科技管理方式的重大变革。我国科技创新基地是为了实现国家战略目标而设立。以国家实验室为引领的科技创新基地发展必须紧密结合国家战略发展需求，建设适合区域发展和行业特色的科技创新基地，促进科技资源开放共享，夯实自主创新的物质技术基础。

创新基地的建设，可以加强我国科学探索和技术攻关，形成持续创新的系统能力。我国创新基地的研究有基础研究和应用研究。基础研究关注基础科学问题，其目的在于对纯粹知识的探索；应用研究则关注工程应用技术开发，一般有直接目的地应用于某项生产需求。围绕国家战略和创新链布局需求对现有国家科研基地平台进行合理归并，优化整合。

从创新基地的功能和类型来分，我国科技创新基地可以划分为战略综合类、技术创新类、科学研究类、基础支撑类 4 种类型。战略综合类主要是国家实验室。科学研究类主要是国家重点实验室。技术创新类包括国家技术创新中心、国家临床医学研究中心，以及对现有国家工程技术研究中心、国家工程研究中心、国家工程实验室、企业国家重点实验室等优化整合后形成的科研基地。基础支撑类包括国家野外科学观测研究站、科技资源服务平台等基础性、公益性的国家科技基础设施基地和平台。

国家重大科技基础设施、国家重点实验室、国家实验室、行业重点实验室等，这些是处于基础研究或应用基础研究阶段的基地；国家工程技术研究中心、国家工程实验室、企业技术中心等，这些是处于技术开发与工程化阶段的基地；国家级高新区、生产力促进中心、技术转移中心等，这些基地处于产业化阶段；国家科技基础条件平台，是为各创新基地提供科技基础条件支持和资源共享服务的。据统计，国家级创新基地约有 24 类，总量近 3000 个。

我国科技创新基地具有以下几个特征：

第一个特征是个多层次非营利组织机构，我国科技创新基地的现实结构是随着我国社会改革发展而逐渐出现的产物。科技创新基地的建设和演进是我国在计划经济向市场经济的转轨过程中，通过渐进性的科技体制改革形成的具有历史标志性的产物。

第二个特征是我国科技创新基地具有非常明显的国家计划附属性。"十五"规划实施以来，我国科技管理部门多次提出要建设"基地、项目、人才"、要协调统筹发展的理念。创新基地在我国作为一个特定的社会组织形态，大多数是依托于某一单位或非独立建制的二级科技研发或服务单位。

第三个特征是部分创新基地自成体系，在管理者的职能范围内实施分级分类管理。具有很强的行政职能干涉痕迹。

（1）分级管理。分级管理是根据行政职能管理权限把研究基地分为国家级、部委级，以及地方研究基地，是一种行政纵向划分方式。国家级研究基地主要包括：由国家发展改革综合部门，即国家发展改革委员会管理的国家重大科技基础设施、国家工程实验室、国家工程研究中心；由科技部管理的国家实验室、国家重点实验室、国家工程技术研究中心等，这些基地典型特征是冠以"国家"的名号。部委级研究基地是行业管理部委设立的研究基地，比如，教育主管部门教育部在高校建立的研究基地，农业主管部门在农业院校和研究机构设立的农业类研究基地等，部委级研究基地通常冠以"部"的名号。由地方政府，通常是省、直辖市设立，由地方科技主管部门或教育主管部门管理的研究基地，省市级研究基地在分级上等同于部委级研究基地，通常冠以"省"或"市"的名号。

（2）分类管理。分类管理是在纵向划分基础上的横向划分，根据研究基地的研究阶段划分，一般是每一级基地划分为基础研究、应用基础研究、技术转化、产业化或产业示范等不同的类别。以科技部管理的国家级研究基地为例，国家重点实验室以基础研究和应用基础研究为主，国家工程技术研究中心以产业共性技术转化和示范为主，国家科技平台以提供公共服务能力为主。在国家发展改革委管理的国家科技基础设施、国家工程研究中心、国家工程实验室等都遵循了类似的分类。

2000年以来，国家重点实验室的类别、功能、依托单位开始扩展，目前已经形成国家实验室、高校和科研院所国家重点实验室、企业国家重点实验室、军民共建实验室、港澳伙伴实验室、省部共建培育基地等六大体系。国家级高新区根据分类管理的要求，区分为世界一流的高新区、创新型科技园区、特色产业园区3类。科技企业孵化器根据服务对象和管理部门的区别，分为高新技术创业服务中心、留学人员创业园、国际企业孵化器、大学科技园等几类。国际科技合作基地也表现为国际创新园、国际联合研发中心、国际技术转移中心和国际科技合作创新联盟4种组织方式。

第四个特征是创新研究基地具有鲜明的学科特征。现有的创新基地管理，强调研究和开发领域，要求各创新基地应该在该领域内，设立相互支撑但具有比较明确的研究方向或技术方向。创新基地这种比较显著的学科特征，比较清晰地体现在其名称上，如船舶海洋工程、网络通信、机械传动等，从其名称就可以基本判断出其学科归属及主要研究内容。从基地发展的纵向维度来看，基地的命名还体现了学科发展的特征，早期（一般是 20 世纪 90 年代初）设立的基地，通常以二级学科或三级学科的研究内容来命名，如区域光纤通信网、振动冲击噪声等，具有那个时代面向解决具体问题的学科特征；而近期新设立的研究基地，如微生物代谢、机械系统等，学科覆盖面相对宽泛，能够涵盖的内容也就比较多。

4 我国各类科技创新基地分布情况

2010 年，国家科技基础条件平台对我国科技资源调查，调查对象主要是中央和地方利用财政性资金设立的高校和从事基础研究、前沿技术研究和社会公益性研究的科研机构，另外包含少量行业转制科研机构，共计 3200 余家。以下数据来源于 2010 年度调查数据统计分析。

研究实验基地按类型划分分布情况：国家重大科学工程实验基地 10 家，实验室 1208 家；野外科学站 125 家，工程（技术）研究中心 489 家，分析测试中心 119 家，研发（技术）中心 55 家，其他 188 家。共有研究实验基地 2194 家。

实验室按级别划分：国家重点实验室 222 个，占 18%；国家工程实验室 9 个，占 1%；部属重点实验室 625 个，占 52%；省部共建重点实验室 13 个，占 1%；省属重点（开放）实验室 323 个，占 27%；地属重点（开放）实验室 16 个，占 1%。共有 1208 个实验室。

工程（技术）研究中心按级别划分：国家工程（技术）研究中心 139 个，占 29%；部属工程（技术）研究中心 206 个，占 42%；省属工程（技术）研究中心 134 个，占 27%；地属工程（技术）研究中心 10 个，占 2%。共有 489 个工程（技术）研究中心。

分析测试中心按级别划分：国家大型仪器中心 9 个，占 7%；国家级分析测试中心 8 个，占 7%；部属分析测试中心 99 个，占 83%；省属测试中心 2 个，占 2%；地属分析测试中心 1 个，占 1%。共有 119 个分析测试中心。

研发（技术）中心按级别划分：部属研发（技术）中心 35 个，占 64%；省属研发（技术）中心 17 个，占 31%；地属研发（技术）中心 3 个，占 5%。共有 55 个研发（技术）中心。

野外站按级别划分：国家级野外站 74 个，占 59%；部属野外站 51 个，占 41%。共有 125 个野外站。

国家级研究实验基地按类型划分：国家重大科学工程 10 个，占 2%；国家重点实验室 222 个，占 39%；国家工程实验室 9 个，占 2%；国家级野外站 74 个，占 13%；国家工程（技术）研究中心 139 个，占 25%；国家大型仪器中心 9 个，占 2%；国家级分析测试中心 8 个，占 1%；其他国家级基地 93 个，占 16%。共有 564 个。

部属研究实验基地按类型划分：部属重点实验室 625 个，占 57%；部属野外站 51 个，5%；部属工程（技术）研究中心 206 个，占 19%；部属分析测试中心 99 个，占 9%；部属研发（技术）中心 35 个，占 3%；其他部属基地 72 个，占 7%。共有 1088 个。

省属研究实验基地按类型划分：省属重点（开放）实验室 323 个，占 65%；省属工程（技术）研究中心 134 个，占 27%；省属分析测试中心 2 个，占 1%；省属研发（技术）中心 17 个，占 3%；其他省属基地 22 个，占 4%。共有 498 个。

地属研究实验基地按类型划分：地属重点（开放）实验室 16 个，占 52%；地属工程（技术）研究中心 10 个，占 32%；地属分析测试中心 1 个，占 3%；地属研发（技术）中心 3 个，占 10%；其他省属基地 1 个，占 3%。共有 31 个。

其他基地按级别划分：其他国家级基地 93 个，占 49%；其他部属基地 72 个，38%；其他省属基地 22 个，占 12%；其他地属基地 1 个，占 1%。共有 188 个。

5　我国科技创新基地建设和发展存在的主要问题

改革开放以来，伴随着科技体制改革，我国建成了一些新型的创新基地，包括国家重点实验室、国家实验室、国家工程（技术）研究中心、国家工程实验室等。创新基地建设有效地聚集了科技资源、科研设施条件和科技人才，承接了大量科技任务，加快了我国创新能力提升。尤其是近年来，通过科技创新基地建设，我国科技创新基地保障能力明显增强，但与"十三五"科技创新发展的需求相比较，科技创新基地建设仍然是我国科技发展一项突出的短板。

5.1　创新基地宏观布局结构有待优化，战略性和前瞻性仍显不足

尽管创新基地建设取得了重大成效，但宏观布局还存在一定的结构性问题，创新基地的战略性和前瞻性功能发挥不足。创新基地的布局结构与重点科技任务的匹配性有待加强。

创新基地整体结构不够均衡。政府对前端基础研究和基础应用研究的创新

基地布局和投入更为重视，而产业共性技术和工程转化环节相对薄弱，创新服务类基地科技资源显得过于分散。

国家、部门和地方的创新基地之间缺乏有效衔接，不适应跨领域、跨行业集成创新和区域经济快速发展的需求。我国部分科技实力较弱的地方、行业科研基地存在科研积累薄、自我发展能力薄弱等问题，急需外部支撑，单纯的技术输入并不能提升该类创新基地的能力，而在人才引进方面这些创新基地都处于劣势地位，解决该类问题只有依靠逐步形成内生的人才培养机制。

创新基地战略性、前沿性明显不足。尽管我国自主创新能力已得到快速提升，但相比于国外顶级研究机构，我国缺少类似的、具备科研持续积累能力和高端人才培育能力的世界顶级科技创新基地，国际一流的原创性科研成果和有影响力的科学家为数还很少。我国一些主要研究试验类创新基地建设的起步较晚、基础不强，尚未发挥类似的核心引领作用，有待于继续加大在战略性、前沿性领域的布局，进一步加强科研条件投入和能力建设。

仅仅从"十二五"重点科技任务与典型创新基地布局的对应关系可以看出，我国现有科技计划在战略性新兴产业、产业结构调整、农业发展、民生科技、基础前沿等领域 16 个类别的 55 项任务中，都有相应的项目安排。相比之下，国家重点实验室、国家工程技术研究中心这 2 类最主要的创新基地尚未全部覆盖 55 项任务。实验室还有 3 个空白领域，工程中心则有 10 个空白领域。如需加强对重点任务的支持，就应在相关创新基地未来建设布局中就相关的学科、领域进行调整或加强。

5.2 创新基地功能定位存在不同程度的模糊或重叠

国家重点实验室、国家工程技术研究中心、大学科技园、科技企业孵化器等都标明是"国家创新体系的重要组成部分"，但是这些基地具有什么样的功能，在创建时没有相对清晰的定位。企业国家重点实验室、国家工程技术研究中心、国家工程研究中心、国家工程实验室具有众多相似的功能。

由于分属不同的管理单位，部门之间不协调和重复建设造成一些创新基地比较雷同，特色不够突出。例如，高新技术产业化基地、"863"计划成果产业化基地、火炬计划特色产业基地三者都以产业化发展为目标，区分度不够。高新技术产业化基地和火炬计划特色产业基地都把培育产业集群作为重要任务，定位为服务区域经济发展。

大部分创新基地除了获得科技项目经费和必要的政策指导外，较少获得专业化的发展规划、平台建设、人才发展、成果转化引导资金支持。此外，对科技成果、知识产权、技术标准的管理和扶持仍待加强。

部分平台功能类似值得关注。目前组建的国家工程研究中心和国家工程技术研究中心的中心职能或者宗旨高度相似，主要围绕国家和行业发展重大需求，建立工程化研究，研究开发产业共性关键技术，加快科研成果向现实生产力转化，但两者分别由发展改革委和科技部牵头负责，创新资源配置和管理条块分管，一定程度上造成重复投入。

5.3　相对单一的管理方式制约了创新基地的功能发挥

由于缺乏专项经费和有力的管理手段，管理方对创新基地大多采取认定、验收、挂牌的管理方式。尤其是过程管理缺乏有效手段，调控方式、政策工具不足。对资金投入、能力建设、资源共享、内部管理、知识产权保护、机制创新、合作交流等具体内容管理，大多没有涉及。大部分创新基地缺乏体制机制创新方面的研究，如很多创新基地提出了加强产学研合作的要求，但具体的机制并没有较好的研究和总结。

缺乏主管部门或业务关系协调。建设和运行部门对创新基地的宏观管理、协调、指导相对偏弱。很多创新基地非常重视部门协调，但是大部分创新基地没有多部门协调机构，尚有部分创新基地没有独立的、专门化的管理机构，造成对认定和评价"一头一尾"两个环节非常重视，但中间过程管理所需的协调、指导、跟踪较为欠缺。

目前，还没有一套针对不同类别创新基地的政策框架或体系。大多数支持手段以科技计划为主，只是原则性的要求，没有明确比例和支持额度。对部分创新基地有税收优惠，但其他专项政策较为缺乏。农业科技园、生产力促进中心在国家层面主要采取以绩效考评为核心的引导性政策，对其开展成果转化、技术转移等相关活动的支持有赖于各地根据自身财力制定优惠政策。

5.4　分散化建设造成不同创新基地之间的协同创新不足

一段时期以来，我国各类创新基地由各部门分别建设、分散管理，整体发展缺乏系统设计和统一规划。尤其是多个部门分头建设同一类型的创新基地，使得有限的科技资源被耗散，有实力的优势科研单位被切割。同一层次创新基地的交叉重复设置，也是导致部分新建创新基地学科越来越细、领域越来越窄的原因之一。

这些创新基地的发展受原有建设方式和管理体系的影响较大，不同实验室、工程中心由其依托单位的所有制性质决定了基本的管理制度，不同参建单位对基地的投入和评价也不尽相同。政府作为出资者之一，调控和约束机制相对有限，使得有些创新基地的公共性发生漂移，创新能力和扩散能力均有一些薄弱环节。

5.5 基地发展中存在系统封闭问题，创新扩散能力弱化

国家创新体系理论认为，单个创新主体的强势并不能确保整个创新系统有足够高的创新效率，只有当产学研各主体产生广泛的关联和互动时，才能保证系统的创新效率。创新基地作为国家创新体系中的重要组织，是国家长期持续投入的对象，因此更要强调开放性和公益性，既要通过开放式创新提升能力，也要对其他创新主体进行技术扩散以实现公益性。如美国橡树岭国家实验室是美国最大的面向能源科学、技术与工程的实验室，可提供4600个研究岗位，其中3000个向全世界开放。类似这样的高水平、高开放性、大规模的国家实验室，我国目前尚未建成。一个不容忽视的因素是我国基地之间依然相对封闭发展，各类基地、同类基地之间缺乏有效衔接，知识流动、人员流动和成果转化不足。如国家重点实验室的流动人员的比例在25%左右，且主要是在读研究生，面向外单位的客座研究岗位较少，流动人员中国外人员不到15%。

创新扩散能力弱化的问题，直观地体现在论文和专利的数量对比上。我国基础研究产出已有大幅度飞跃，具备一定的国际影响力，但产业化阶段的差距却非常大。如2008年我国科技论文数达到47.2万篇，居于世界第二位，其中SCI收录的占全球的9.8%。《2008年WIPO专利报告》显示，我国居民拥有的有效发明专利仅占全球的1.2%～1.5%，与论文在全球的比例反差较大。政府引导设立了很多科技企业孵化器、生产力促进中心和产业化示范基地，制定了多种专项资金和财税优惠政策以促进科技成果转化和高新技术产业发展，但是产业创新能力薄弱的问题并没有得以根本解决。

从前期研究看，如果以国家重大创新基地为标杆，现有的主要创新基地在人员规模、引领能力、创新能力、公益性、综合性、开放度等方面仍有不小的差距。

5.6　部分基地学科领域和人员偏少，科技创新缺乏规模效应

在当前科技创新日益复杂化，大科学研究更需要集团化组织实施的前提下，资源集聚显得尤为重要。我国现有创新基地尤其是研发类的基地，主要是选择优势学科或细分行业建立起来的，依托于某个院系的实验室或某个研发中心，强调的是"专""精""细"，造成这些基地普遍存在体量小、学科单一、综合度低等问题，致使科技创新缺乏知识的规模效应。如重点实验室、工程中心等平均研究人员不到 100 人，有的只有 10 多名专职人员，制约了科技成果的产出规模和创新扩散能力。我国现有的某一类、某一个基地并不能独立承担一些需要跨学科、跨行业、跨领域组织的综合性的重大科研任务。如我国轴承行业，涉及摩擦学、应力、载荷、材料、热处理等基础研究和工程理论，设立在瓦房店轴承集团的国家大型轴承工程技术研究中心整合了内部四个研发平台，具有一定的产品开发能力，但自身缺乏一些应用基础研究能力，长期制约产品技术水平的基础问题难以突破。轴承尚属装备制造领域的一个小行业，对于汽车、飞机、造船等技术更复杂、系统集成度更高、产业链更长的主导产业，靠某单一学科或细分行业的实验室或工程中心更不可能组织承担起产业技术创新的重担。因此，对一些战略性领域或行业，通过重组科技资源，组建一批能持续支撑大规模研发活动的综合性创新基地显得非常必要。

6　我国科技创新基地建设发展建议

6.1　进一步明确创新基地的功能定位

对于有明确规划、管理办法的创新基地，应严格按照其功能定位加以管理，不宜派生出各种类型，扩大边界和职能范围，以致与别的创新基地形成较大程度的交叉。在配置科技资源时，不宜安排超出其职能范围的公共研发任务。

6.2　加强对各类创新基地的规划布局和建设协调

应促进功能相似的创新基地共同建设、管理，条件成熟时可纳入同一序列共同管理，消除不同序列创新基地在功能上的交叉。促进大学科技园和企业孵化器的合并管理；高新技术产业化基地、火炬特色产业基地、"863"计划成果转化基地等功能类似的基地可以纳入统一序列，建立共建机制。对国家级创新基地，应建立统一的信息采集、统计渠道和政策发布通道。

6.3 完善实体化管理体系，加强过程管理

建立或完善独立、专业的管理部门，依托有关中介机构作为专职管理机构，促进管理的规范化、实体化、制度化。完善公共服务体系，促进各类创新基地加强公共服务，增加平台建设、资源共享、交流培训、金融服务、竞争情报、科技信息和技术推广服务等内容。

6.4 完善考核评价指标体系，注重服务、合作和共享

对指标体系的设计应注重以下三方面：其一，加强对创新基地开放和服务的考核，提高公共科技资源的利用效率及服务质量；其二，加强合作方面的考核，引导创新基地之间及其与各类创新主体之间合作，实现资源集成利用；其三，强化对平台资源共享方面的考核，实现平台资源惠及范围的最大化。同时，还需要在考核评价的基础上建立奖惩机制。评估结果与创新基地享受优惠政策的范围与力度挂钩，尤其要形成退出机制，对评估不达标的基地进行整改或撤销。

6.5 加强配套扶持政策，促进创新基地和其他创新主体激励政策的衔接

为解决创新基地的资金来源过于依赖竞争性科技计划项目经费，缺乏其他合理来源等问题，建议引入竞争机制，采用"后补助"方式，根据科研成果的应用价值或服务效果，给予一定的资助或补贴。鼓励社会各界以投资或捐赠等方式参与创新基地建设和运行，允许投资者按部分或全部投入额在缴纳所得税前予以扣除。以产权合作、项目合作、资源共享、人才流动等方式，加强创新链各环节的资源集成及协同创新。针对从事技术转移的创新基地，引入市场机制，落实科研院所股权和分红激励、科技成果处置收益等配套政策，加强对公共科技成果应用、扩散的激励，突出对产业创新的带动能力。

6.6 加强各类创新基地之间的协同与合作，克服薄弱问题，是未来国家重大创新基地的建设和发展需要重点考虑的问题

应瞄准国际一流水平这一长期目标，加大对现有各类创新基地的整合，形成研究试验、技术开发、工程化、产业化等创新链各环节之间的有效衔接，将不同创新主体的合作形式由外部网络转为内部一体化组织，实现分散化的创新链向集成化的创新链转变，降低创新活动的交易成本，并拓展单个创新基地的

边界和功能，实现多赢效果。

这种调整思路可以达到几个目的。一是以政府引导的方式促成各类创新基地之间的实质性合作，实现国家战略目标下的集成创新；二是解决系统封闭问题，打破创新链上各主体之间的行政或组织界限，尽量消除技术扩散和成果转化中的组织障碍，以人财物各类资源内部协调配置的方式降低交易成本；三是推动解决不同部门间管理体系分离问题，从国家战略需求层面加强统一规划，促进不同创新基地之间的协调建设与发展。

7　山西省科技创新平台基地建设情况及分析

山西省科技创新平台基地建设工作主要包括重点实验室建设计划、工程技术研究中心建设计划、科技基础条件平台建设计划、科技创新团队建设计划4个方面的内容。经过多年的建设与发展，基本形成了相对完善的"平台、项目、基地、人才"相结合的基础研究体系。科技创新平台基地研究经费逐年稳步增长，研究队伍逐步扩大，研究领域不断拓展，研究水平明显得到提高，高端成果和高水平人才相继涌现。山西省科技创新平台基地为提升山西省科技创新能力、引领全省经济社会发展做出了积极的贡献。

截止到 2015 年 12 月底，山西省已经建成重点实验室 65 个，其中，国家级重点实验室 5 个。院校国家重点实验室全国共有 258 个，山西省 3 个，占 1%；企业国家重点实验室全国共 177 个，山西省 2 个，占 1%。山西省省部共建国家重点实验室培育基地 3 个，省级重点实验室 57 个。工程技术研究中心 105 个，其中，国家级 1 个，省级 104 个。科技创新团队 79 个，其中，领军团队 4 个，重点团队 61 个，培育团队 13 个，区域团队 1 个。工程研究中心 10 个。工程实验室 13 个。

65 个重点实验室中 36 个拥有科技创新团队，18 个与现有工程技术研究中心交叉重叠。

7.1　山西省科技创新平台基地基本情况

7.1.1　重点实验室建设与发展情况

重点实验室是山西省科技创新体系的重要组成部分，是组织高水平基础研究和应用基础研究、聚集和培养优秀科技人才、开展高水平学术交流、科研装备先进的重要基地，是发展共性关键技术、增强技术辐射能力、推动产学研相结合的重要平台。为了切实发挥重点实验室在创新驱动发展中的支撑引领作用，针对山西省重点实验室发展现状，山西省科技厅从"创新体制机制、加强顶层设计、完善总体布局、规范运行管理"等方面入手，于2012年设立了重点实验室专项经费，2013年修订出台了新的《山西省重点实验室建设与运行管理办法》，形成了推进重点实验室建设与发展的良好局面。

（1）发展情况

一是完善重点实验室建设体系和运行管理体制，构建了依托高校、院所、企业及产学研合作共建、省市共建培育基地等多种形式构成的建设体系，建立了"目标导向、择优立项、年度考核、定期评估、动态调整、稳定支持"为一体的建设机制，形成了各有侧重、互为补充、资源共享、优势互补、开放合作、协同创新的建设格局。

二是扩大规模和数量，优化建设布局，紧密结合全省经济社会发展需求和创新驱动战略部署，以围绕产业链部署创新链为重点，进一步加大重点领域的重点实验室建设布局。2012—2014年，新立项建设重点实验室40个，使全省重点实验室总量达到65个，基本覆盖全省重点学科、特色优势学科和重点发展领域，结构和布局得到明显优化。

三是强化企业技术创新主体地位，围绕全省重点产业和战略性新兴产业领域，依托行业骨干企业，采取产学研合作共建、省市合作共建等形式，加快推进企业重点实验室建设，并在2015年新增2个国家级企业重点实验室，为引领和支撑全省产业转型升级提供了有力的保障。

四是推进资源开放共享和产学研协同创新，成立了全省重点实验室联盟。为深入推进全省重点实验室的交流合作与资源开放共享，加快提升全省重点实验室建设与运行管理水平，进一步整合科技资源，聚集创新要素，着力打造开放协作的科技创新与科技服务平台，充分发挥重点实验室在创新驱动发展中的引领与辐射带动作用，由山西省科技厅提出并组织，全省重点实验室共同发起，于2013年9月正式成立了山西省重点实验室联盟。

五是加快青年科技人才成长，设立山西省青年科学论坛。为大力促进山西省青年科技人员快速成长，加快推动全省基础研究繁荣发展，充分发挥重点实验室在基础前沿研究、人才培养、学术交流合作等方面的平台作用和引领作用，搭建面向全省青年科技人员的常设学术交流与科研合作平台，依托重点实验室联盟，设立了面向全省青年科技人员覆盖 11 个学科领域的"山西省青年科学论坛"。

（2）建设情况

截至 2015 年 12 月底，山西省共建设重点实验室 65 个。

按依托单位性质划分：依托高等院校建设的 34 个、依托科研院所建设的 13 个、依托企业建设的 10 个、依托医院建设的 3 个、产学研合作共建的 5 个。

按学科领域划分：采矿工程领域 3 个、装备制造领域 9 个、化工领域 7 个、新材料领域 12 个、电子信息领域 6 个、交通运输领域 2 个、节能环保领域 4 个、生物医药领域 13 个、现代农业领域 9 个。

按分布区域划分：太原市 52 个、大同市 2 个、忻州市 1 个、晋中市 4 个、晋城市 1 个、长治市 1 个、临汾市 2 个、运城市 2 个。

（3）取得的成果

以 2014 年度考核汇总结果为例说明山西省重点实验室取得的成果。

1）承担项目情况：2014 年，全省 31 个重点实验室共主持参与各类在研项目（课题）1079 项，总经费达 86 382.03 万元，其中国家自然科学基金主持数量达 274 项，参与数 8 项，总经费达到 13 827.1 万元，详见表 6-1、表 6-2、表 6-3。

表 6-1　2014 年度实验室承担项目（课题）情况

	总数	国家级	省部级	地市级	横向协作	自主选题
主持（项）	1031	433	376	17	212	65
参与（项）	50	18	12	0	20	0
经费（万元）	86 382.03	41 298.73	20 174.3	6932	12 572	5405

表 6-2　2014 年度实验室承担国家级项目情况

	总数	国家自然科学基金	重大专项	"973"计划	"863"计划	科技支撑计划	国际合作	政策引导类计划	其他
主持（项）	449	274	11	13	13	32	24	2	80
参与（项）	26	8	2	7	5	3	1	0	0
经费（万元）	38 412.73	13 827.1	4635.03	3470	3101	4486	6205.3	130	2558.3

表 6-3　2014 年度实验室承担省级项目情况

	总数	基础研究计划	重大专项	科技攻关计划	科技成果推广计划	国际科技合作计划	创新团队建设计划	条件平台建设计划	其他
主持（项）	326	124	18	30	12	17	10	19	96
参与（项）	17	14	1	2	0	0	0	0	0
经费（万元）	18 664.3	2006	7173	2941.8	341	340	248	869	4745.5

2）授权 / 申请专利和发表论文情况：2014 年，31 家重点实验室共授权 / 申请专利 781 项，详见表 6-4；发表论文 1936 篇，被 SCI 和 EI 收录了 1489 篇，占总发表论文数的 76.9%，出版专著 56 部，详见表 6-5。

表 6-4　2014 年度实验室授权 / 申请的专利情况

授权专利（项）				申请专利（项）			
总数	发明专利	国际专利	其他	总数	发明专利	国际专利	其他
338	269	2	67	443	410	6	27

表 6-5　2014 年度实验室发表论文、著作情况

发表论文（篇）					出版著作（部）
总数	国际三大检索			其他	
	SCI	EI	ISTP		
1936	916	573	53	394	56

3）获奖情况：2014 年，山西省重点实验室共荣获国家技术发明奖 2 项（均为二等奖）、科学技术进步奖 5 项（其中一等奖 1 项、二等奖 3 项）；省部委各类奖 51 项，其中一等奖 17 项、二等奖 23 项、三等奖 11 项，详见表 6-6。

表 6-6　2014 年度实验室成果获奖情况

	成果获奖总数（项）	国家级奖（项）			省部级奖（项）	地市级奖（项）
		技术发明奖	自然科学奖	科技进步奖		
合计	64	2	0	5	51	6
一等奖	20	0	0	1	17	2
二等奖	30	2	0	3	23	2
三等奖	14	0	0	1	11	2

4）成果转化及产生效益情况：2014 年，山西省重点实验室成果转化产生直接经济效益 163 136.83 万元，成果转化应用到 49 个单位。具体情况详见表 6-7、表 6-8、表 6-9。

表 6-7　2014 年度实验室成果转化及推广情况

成果转化					成果推广			
总数	技术入股（项）	技术转让（项）	技术承包（项）	技术服务（项）	总数	推广新技术（新工艺）（项）	推广新产品（个）	推广新设备（台/套）
64	0	29	0	35	49	21	8	20

表 6-8　2014 年度实验室成果转化直接经济效益情况

总收入（万元）	产品收入（万元）	技术性收入（万元）	其他收入（万元）
163 136.83	154 933.6	7258.95	944.25

表 6-9　2014 年度实验室成果转化社会效益情况

总收入（万元）	转化应用到几个单位（个）
17 370	49

5）人才培养情况：2014 年度实验室人员基本情况见表 6-10。2014 年度实验室固定人员中入选国家级人才计划的有 17 人，详见表 6-11。实验室共培养博士后 34 人，博士 235 人，硕士 1557 人；各实验室出国学习培训人数达到 192人，详见表 6-12。

表 6-10　2014 年度实验室人员基本情况

人数　　按工作性质分	总数（人）	固定人员（人）	流动人员（人）
从事科研活动人员	1856	1418	438
从事科研活动人员	1662	1282	380
从事管理活动人员	118	108	10
其他人员	76	28	48

表6-11 2014年度实验室人才队伍与团队建设情况

	总数（人）	入选人才计划（人）	入选创新团队计划（人）
国家级	17	17	0
省级	58	25	33
其他	16	7	9

表6-12 2014年度实验室人才培养情况

培养研究生总人数（人）	1826	出国学习培训人数（人）	192
硕士	1557	访问学者	49
博士	235	攻读专业学位	76
博士后	34	其他	67

6）人才引进情况：2014年省重点实验室全职引进的国内外高层次人才有79人，详见表6-13。

表6-13 2014年度实验室人才引进情况

	总数（人）	全职引进（人）	兼职引进（人）
国内	88	72	16
国外	18	7	11

7）实验室固定人员在国内外学术组织任职情况：2014年省重点实验室固定人员在国内外学术组织的任职情况见表6-14。

表6-14 2014年度实验室固定人员在国内外学术组织任职情况

	国内学术组织任职人数（人）	国外学术组织任职人数（人）	国内期刊任职人数（人）	国外期刊任职人数（人）
总数	202	20	90	12
2014年新增	21	5	10	5

（4）交流合作与资源共享情况

1）开放课题与仪器设备资源共享情况：2014年，参加考核评估重点实验室设立开放课题147项；并将部分大型仪器设备有效进行了开放共享，公众参与人数达9265人，详见表6-15、表6-16。

表 6-15　2014 年度实验室开放课题设立情况

设立开放课题数量（项）	省内承担数量（项）	省外承担数量（项）	总经费（万元）
147	79	68	4942.08

表 6-16　2014 年度实验室资源开放服务情况

公众参与人数（人）	开放设备（台/套）	开放服务次数（次）	收费情况（元）
9265	602	9943	57 862

2）学术交流与国际合作情况：2014 年，参与考核评估的重点实验室主办承办国内外学术会议共计 68 场次，特邀报告 131 人次；并与相关高校、科研机构、企业进行了技术交流对接，形成了广泛的产学研合作交流，详见表 6-17、表 6-18。

表 6-17　2014 年度实验室国内外学术交流情况

	国内学术交流（次）	国外学术交流（次）
主办会议	57	9
承办会议	2	0
特邀报告	71	60

表 6-18　2014 年度实验室产学研与国内外合作情况

按合作单位性质分		合作单位个数（家）	不同合作方式的单位个数（家）			
			联合研发	委托研发	咨询服务	其他
国内机构	高校	106	63	16	3	24
	科研机构	67	43	8	3	13
	企业	144	47	74	8	15
国外机构	高校	45	27	2	1	15
	科研机构	12	3	0	0	9
	企业	22	8	4	1	9

（5）科研条件与平台建设情况

2014 年，参与评估考核的 31 家重点实验室，通过一年的建设与经费投入，新增实验室面积 9382.95 平方米，新增设备总价值 14 761.07 万元，新建平台 15 个、实验基地 4 个。并且国家、地方、依托单位等对重点实验室均有经费投入，共计 10 354 万元，详见表 6-19、表 6-20。

表 6-19　2014 年度实验室新增场所和科研设备情况

场所建设		新增科研设备							
新增面积（m²）	配套设施建设投入（万元）	总额（万元）	总数（台/套）	进口		国产		自制	
				数量（台/套）	金额（万元）	数量（台/套）	金额（万元）	数量（台/套）	金额（万元）
9382.95	1615.05	14 761.07	1092	599	9760.05	485	4710.02	8	291

表 6-20　2014 年度实验室新建平台与基地情况

新建平台个数（个）	新建基地个数（个）
15	4

7.1.2　工程技术研究中心

工程技术研究中心是统筹全省科技资源的重要载体，是区域科技创新体系的重要组成部分，是研究开发条件能力建设的重要内容，是推动全省创新驱动发展战略实施的重要平台，是全省组织高水平研究开发、技术创新、成果转化与产业化的重要基地。为了进一步规范山西省工程技术研究中心的认定与运行管理，充分发挥其在工程化研究开发、科技成果转化等方面的作用，推进协同创新，提升科技支撑能力，引领全省经济与社会发展，集合山西省实际情况，山西省科技厅于 2015 年 12 月修订出台了新的《山西省工程技术研究中心管理办法》（晋科高发〔2015〕162 号），形成了推进山西省工程技术研究中心建设与发展的良好局面。

截至 2015 年 12 月底，山西省共建设工程技术研究中心 105 个。

按依托单位性质划分：依托高等院校建设的 48 个、依托科研院所建设的 14 个、依托企业建设的 35 个、产学研合作共建的 8 个。

按学科领域划分：工程领域 7 个、装备制造领域 23 个、化工领域 4 个、新材料领域 25 个、电子信息领域 14 个、交通运输领域 3 个、节能环保领域 8 个、新能源领域 4 个、生物医药领域 9 个、现代农业领域 7 个、文化产业领域 1 个。

按分布区域划分：太原市 73 个、大同市 2 个、朔州市 1 个、阳泉市 2 个、晋中市 12 个、吕梁市 4 个、晋城市 3 个、长治市 4 个、临汾市 1 个、运城市 3 个。

发展情况：

一是夯实基础、创新驱动。按照省级工程技术中心的标准和要求来规划和布局，始终坚持"以市场为导向，企业为主体"的原则来开展山西省工程技术研究中心建设工作。在目前已经建立的 104 家省级工程技术研究中心中，50% 以上的依托单位是企业，从而促进企业成为技术开发主体，为企业提供成熟配套的工艺、技术、装备，同时开展多种形式的国际合作与交流，为企业的发展发挥更大的作用。

二是对标一流，争创国家级工程技术研究中心，实现零的突破，为山西省工程技术研究中心建设工作树立良好的示范和样板。经多方努力，2014 年 10 月，科技部批准了山西潞安集团组建的"国家煤基合成工程技术研究中心"，从而使山西省的国家级工程技术研究中心实现了零的突破，该中心将针对煤炭清洁高效高值化利用过程中的核心科学问题与工程问题，重点开展关键技术创新与工程化研发，为山西省高碳资源低碳发展提供技术支撑。同时也为积极推进山西省工程技术研究中心建设工作树立了好的示范和样板。

三是以服务促创新，优化布局、集聚发展。坚持统筹规划、合理布局，按照各地区产业基础和特点，加强特色优势产业链条和产业基地建设。积极与申报单位沟通联系，以服务促创新。针对申报的工程技术研究中心名称过于宽泛的问题，从行业和技术的角度，及时帮助申报单位规范工程技术研究中心的名称，做好相关材料的整理工作，从而使工程技术研究中心能够准确定位，按照各自具备的基础优势和功能特点来开展工程化的服务工作。

四是切实转变工作作风，简化程序，为企业减负，提高效率。在实际工作中，按照就近便捷、为申报单位减负的原则，仅对在省会城市的工程中心进行实地考察。对之外的工程中心，则简化程序，委托所在地的市科技局负责考察，并报送考察意见。大力扶持重点企业、大专院校加强工程技术研究中心技术创新能力建设，加快新技术、新产品开发，积极培育地方特色产业链，促进协作配套和产业延伸，不断提高工程技术研究中心的能力和水平。

7.1.3 科技创新团队

科技创新团队作为获取和整合科技资源的有效组织形式，通过优化配置和优势互补，可极大地提高科技创新效率，正逐步成为科学研究和技术创新的重要载体。为深入贯彻落实创新驱动发展战略，进一步提高山西省科技创新人才队伍建设水平，充分发挥科技创新团队的人才集聚效应和示范引领作用，加快建设充满活力、富有特色的科技创新体系，在对山西省内外科技创新团队建设情况进行全面调研和深入分析的基础上，山西省科技厅于2012年正式启动了"山西省科技创新团队建设计划"并配套专项经费。

科技创新团队建设计划重点支持围绕山西省经济社会发展战略和产业创新链，以重点实验室、工程技术研究中心、企业技术中心、产业创新战略联盟等科技创新平台和基地为依托，在科学研究、技术开发与工程化、产业化等产业创新链各环节，研究方向明确且处于领域前沿、产学研合作紧密、年龄和专业结构合理、创新能力强、具有重大科研项目和重大产业化科技成果支撑的科技创新团队；鼓励并优先支持以企业为主体，跨单位联合、产学研协同、多学科融合所形成的创新团队。科技创新团队建设计划按照目标导向、统筹规划、动态管理、滚动支持的原则，重点围绕"主导产业和战略性新兴产业领域"进行创新团队的建设和布局，按团队水平和建设层次分为"领军、重点、培育、区域"4种团队类型，努力建设一批特色鲜明、结构合理、产学研用紧密结合、持续创新能力强、团队带动效应突出、在省内外相关领域具有较大影响的科技创新团队。

为加强创新团队的建设和管理工作，山西省科技厅出台了《山西省科技创新团队建设计划管理暂行办法》（晋科基发〔2013〕155号）。目前，共立项建设79个创新团队，在全省产生了很好的示范带动效应，得到了科技界和产业界的广泛关注和重视。

截至2015年12月底，山西省共有科技创新团队79个，其中，2012年和2013年建设立项的50个创新团队均已到验收时间。

按团队类型划分：领军团队4个、重点团队61个、培育团队13个、区域团队1个。

按依托单位性质划分：依托高等院校建设的25个、依托科研院所建设的17

个、依托企业建设的 13 个、依托医院建设的 1 个、产学研合作共建的 23 个。

按学科领域划分：装备制造领域 13 个、现代煤化工领域 5 个、新材料领域 11 个、电子信息领域 7 个、节能环保领域 5 个、新能源领域 4 个、生物医药领域 12 个、现代农业领域 18 个、其他领域 4 个。

按分布区域划分：太原市 75 个、吕梁市 1 个、晋中市 1 个、临汾市 1 个、运城市 1 个。

（1）建设成果

以 2014 年度考核汇总结果为例。

1）承担项目情况：2014 年度，50 个科技创新团队共主持国家级、省部级、地市级、横向协作、自主选题等项目 845 余项，其中主持国家级项目 232 项，经费 38 079.26 万元。其中，国家自然科学基金 154 项，重大专项 6 项，"973"计划 7 项，"863"计划 7 项，科技支撑计划 11 项。详见表 6-21。

表 6-21　2014 年度创新团队承担国家级项目情况

	总数	国家自然基金	重大专项	"973"计划	"863"计划	科技支撑计划	国际合作	政策引导类计划	其他
主持（项）	232	154	6	7	7	11	7	7	33
参与（项）	13	3	4	1	1	2	1	0	1
经费（万元）	38 079.26	8209	13 771.86	3094	1880.4	6977	1476	280	2391

2）授权／申请专利和发表论文情况：2014 年度，50 个科技创新团队共获得授权专利 230 项，其中发明专利 167 项；共发表论文 579 篇，其中 SCI 172 篇。

3）获奖情况：2014 年度，50 个科技创新团队共荣获国家级、省部级、地市级奖励 54 项，其中一等奖 21 项，二等奖 24 项，三等奖 9 项。详见表 6-22。

表 6-22 2014 年度创新团队获奖情况

	成果获奖总数（项）	国家级奖（项）			省部级奖（项）	地市级奖（项）
		技术发明奖	自然科学奖	科技进步奖		
合计	54	1	2	8	38	5
一等奖	21	0	1	4	14	2
二等奖	24	1	1	4	15	3
三等奖	9	0	0	0	9	0

4）成果转化及产生效益情况：2014 年度，50 个科技创新团队中，共有 19 个团队成果转化直接经济效益达 297 420.18 万元，转化应用到 111 个单位，社会效益非常显著。

（2）梯队建设与人才培养情况

1）梯队建设情况：2014 年度，50 个创新团队新增入选国家级人才计划 14 人，其中入选"千人计划" 1 人，"百千万人才工程"计划 2 人，"教育部新世纪优秀人才" 1 人，院士后备人选 1 人，长江学者 1 人，国务院特殊津贴 4 人等。详见表 6-23。

表 6-23 2014 年度团队人才队伍与建设情况

	总数（人）	入选人才计划（人）	入选创新团队计划（人）
国家级	17	14	3
省级	104	68	36
其他	4	4	0

2）人才培养情况：2014 年度，50 个创新团队共培养研究生总数 1194 人，其中硕士 1043 人，博士 126 人，博士后 25 人；出国学习培训人数 105 人，其中访问学者 45 人，攻读专业学位 10 人，其他 50 人。

3）人才引进情况：2014 年度，50 个创新团队共引进国内外人才 140 人，其中国内 115 人，国外 25 人。全职引进国内人才 98 人，国外人才 6 人。

4）团队成员在国内外学术组织任职情况：50 个创新团队共有 306 人在国内外学术组织任职，其中国内学术组织 172 人，国外学术组织 18 人，国内期刊 75 人，国际期刊 41 人。本年度新增 67 人在国内外学术组织任职，其中国内学术组织 35 人，国外学术组织 6 人，国内期刊 16 人，国际期刊 10 人。

（3）学术交流情况

2014 年度，50 个创新团队积极开展国内外学术交流活动，共主办国内外学术会议 56 场次，承办国内外学术会议 23 场次，参加特邀报告 97 场次。

（4）科研条件与平台建设情况

2014 年度，50 个创新团队积极加强场所建设和科研设备的投入。共新增面积 15 830 平方米，配套设施建设投入 4524.65 万元；新增科研设备仪器 228 套，总额达 10 827.18 万元；新建平台 31 个，基地 37 个。详细情况见表 6-24。

表 6-24　2014 年度团队新增场所和科研设备情况

场所建设		新增科研设备							
新增面积（m²）	配套设施建设投入（万元）	总额（万元）	总数（台/套）	进口		国产		自制	
				数量（台/套）	金额（万元）	数量（台/套）	金额（万元）	数量（台/套）	金额（万元）
15 830	4524.65	12 378.16	522	221	8086.06	287	3809.43	14	482.67

7.2　存在的问题

7.2.1　整体存在的问题

（1）高水平创新平台和载体缺乏，平台基地总量较少

创新平台和载体是聚集创新资源、开展创新活动的重要支撑。目前，山西省高水平的创新平台载体相对匮乏，数据显示，中科院系统直属 112 个研究院所中，山西只有 1 家；在国家已认定的国家级重点实验室中，山西只占 5 席；全国 96 个企业国家重点实验室，山西仅有 1 个；全国现有国家工程（技术）研究中心，山西只有 1 个工程技术研究中心；山西有国家级企业技术中心 26 家，仅占全国 887 家的 2.93%。总体来看，山西省规模以上工业企业建有研发机构的比例偏低，具有产业特色的高水平研发机构数量偏少。

山西省平台基地数量都比较少，与全国其他省份相比存在一定的差距。国家级的平台基地可谓凤毛麟角，与发达城市和省份相比更是远远落后。而国家

级平台基地的数量，在一定程度上代表了一个地区基础研究或知识创新的能力和水平，山西省国家级平台基地数量、院士和杰出青年数额及争取到的国家科学自然基金占全国的份额都很小，承担国家和部委级科研任务的能力相对较弱。因此，继续扩大山西省平台基地的数量和提高现有平台基地的水平，是未来科技创新平台建设的主要需求和目标。

（2）专项经费方面

多年来山西省平台基地建设均没有设立专项经费，山西省科技厅从 2012 年才开始设立省级重点实验室和科技创新团队专项经费各 500 万元，但对目前山西省重点实验室及创新团队的数量来讲也是杯水车薪。缺乏持续稳定的经费支持致使山西省现有平台基地没有稳定的设备运转、维护和更新等费用，因而也缺乏吸引和稳定优秀科研人才的经费保障，严重制约了山西省平台基地建设的进一步发展，更难以做大做强，难以参与国家级层面的竞争。

（3）布局方面

布局方面主要存在的问题是区域分布不均，除大多数平台基地集中在省会太原外，其余地市布局比较零星分散，有的地市甚至出现空白。另外，一些重要学科和战略性新兴学科、交叉学科领域布点也较少或甚至空白。因此，多元化、多地化、多学科化的综合布局将是山西省平台基地下一步发展的目标。

（4）运行管理方面

各平台基地运行管理存在很大问题，主要表现在：一是开放力度不大，鲜有的开放次数也是为了应付评估而被迫的，没有认识到对外开放的必要性，缺乏主动开放的思想和理念；二是联合共建的平台基地也成了一种形式，由于各依托单位研究水平参差不齐，名为联合共建，实为各自为政，共建效果差强人意；三是多数平台基地重点关注科研项目、经费、评估考核等，从而忽视对科技创新平台基地的发展进行系统、科学的规划，几乎不去关注相关领域的国内外最新、最前沿的发展动向，只满足于自身的存在感，缺乏加入到国内外高端环境中竞争的动力和信心；四是科研队伍的建设比较滞后，由于各种原因拥有高管理水平和高业务水平的人员严重缺乏，难以形成一支拥有专职管理和实验技术的科研队伍，长此以往，给平台基地的运行管理带来很大影响，最终成为制约平台基地发展的瓶颈。

（5）支持政策方面

目前，山西省在各类创新平台基地建设过程中，一定程度上存在条块分割、重复投资建设的现象。如重点实验室、工程技术研究中心、科技创新团队等创新平台基地建设过于集中在某一个依托单位或某一个学科领域。目前在资源共享、对外开放机制尚未完善的状况下，很容易造成依托单位闭关自守、不肯承担共享义务，很大程度上影响了创新平台基地建设的初衷和效果。

（6）高层次领军人才匮乏

近几年，山西创新型人才队伍建设力度之大前所未有。"百人计划""三晋学者支持计划"以及"创新团队培育计划"等，均为山西省高层次人才的集聚助力不少。但是从全国范围来看，现有研究开发领军人才、技术骨干及复合型人才、国家有突出贡献的中青年专家等高层次创新人才仍然匮乏。目前全国共有院士近1500人，而山西只有5人，远远低于全国平均水平；在全国2455名国家杰出青年基金获得者中，山西只有12人；全国每100名企业科技人员中从事研发的平均为37人，山西约为32人；全国研发人才中科学家和工程师所占比例平均为78%，山西仅为58%。在山西省承担的国家科技支撑计划、国家高技术研究发展计划（"863"）和国家重点基础研究发展计划（"973"）等国家重大科技项目中，首席专家本土人才比例偏低，企业重大自主创新项目和自主品牌开发更是依赖引进人才。

人才是科技创新平台基地建设的关键内容之一。在创新平台基地建设过程中，缺乏人才吸引、培育、凝聚方面的投入，在平台基地建设过程中有重"物"轻"人"现象。只有能够吸引国内外的优秀人才到各平台基地工作服务，才有可能为解决山西省经济发展、社会进步等方面重大问题做出贡献、取得成果。

7.2.2 分类存在的问题

（1）重点实验室建设存在的问题

1）布局需进一步完善，以适应学科和山西经济与社会发展的需求。目前山西省重点实验室学科分布仍不能满足地方经济发展的需要，一些重要学科和新兴、交叉学科领域布点较少或甚至空白。

2）原始性科技创新能力不足，科技成果转化率低。实验室研究方向和研究内容需要进一步更新和发展，个别实验室存在学科单一、方向老化等现象，需要进行调整。部分实验室中长期发展目标不明确，研究方向凝练不够，表现在把握学科态势不准确，研究方向分散，特色不突出；并在指导思想上，习惯于以跟踪和模仿为主的发展思路，实验室的科学研究立足于跟踪当前的国际先进水平，往往选定国外已经做过的工作，很难掌握具有自主知识产权的核心技术和关键技术，获得原始性创新方面的科研成果。在科技创新模式上，省级重点实验室比较注重单项技术的研究开发，但往往因为缺乏明确的市场导向，缺乏和其他相关技术的衔接，很难形成有市场竞争力的产品或者新兴产业，无法进行研究成果的转化，实现技术本身所应有的价值。

3）高水平学科带头人和实验技术人才相对缺乏。由于省级重点实验室管理体制和运行机制等方面的不合理性，使得一些有较高学术水平的科研人员和实验技术人才在实验室留不住，造成人才外流现象。再加上政策、环境、待遇、设备等诸多因素的影响，优秀的学科带头人和具有较高技术专长的实验技术人员一时又难以引进到实验室中来，致使实验室科研群体整体实力不强，实验技术人员队伍不稳定，直接影响了实验室研究创新能力和创新水平的提高。

4）管理体制和运行机制以及鼓励创新研究的软环境有待改善。"开放、流动、联合、竞争"的运行机制执行不到位，主要表现在：人才流动较少，缺少必要的协作、交叉与联合，学科间缺乏交叉渗透；资源共享不够，部分重点实验室存在只为依托单位或小集体服务的倾向；有近50%的实验室没有设置开放基金和开放课题，开放课题的范围大部分限于省内、国内，面向国际的交流与开放程度不够；开展广泛的省内外学术交流和国际合作是重点实验室提高研究水平、学术水平和走向世界的重要环节。目前重点实验室相互间的合作交流基本没有，实验室对外开放程度普遍不够，仪器设备开放、共享率低；开放基金、合作课题没有或者偏少。

5）经费不足且来源单一。除部分实验室外，多数实验室没有稳定的设备运转、维护费用。部分主管部门和依托单位对实验室的服务和支撑作用不明显。特别是政府部门、主管部门以及依托单位对实验室经费投入不足，加之部分实验室的自我造血功能差，严重制约了实验室的进一步发展。

6）实验室开放程度低，资源无法充分利用。由于实验室现行管理体制和评价制度的不完善，以及实验室经费和人员等其他因素的制约，省级重点实验室不能向社会和其他科研单位深层次开放，与国内外科研机构和研究人员进行科技合作与交流的形式比较单一，很难接纳高水平的学者来进行合作研究，也难以与科研院所和地方企业进行跨领域、跨行业的技术协作与联合攻关，实验室的人才优势、设备优势和科研优势得不到充分利用，实验室的资源不能进行有效整合，学科之间的交叉和融合难以实现，制约了边缘学科和新兴学科的发展，影响了技术集成和联合创新能力的增长，也不利于原始性创新的产生。

（2）工程技术研究中心建设存在的问题

山西省目前拥有 105 个工程技术研究中心，为山西省企业的技术创新提供了支撑，但由于山西省企业的原始科技创新能力和技术集成创新能力不足，导致省内各行业难以形成核心竞争力；基础性研究和共性技术开发薄弱，也影响了行业整体技术水平的提高。同时，高水平工程技术研究人员缺乏，先进适用的成果不多，对于调整产品结构、改造传统产业和培育新兴产业的影响及带动作用不够显著。充实、提高工程技术研究中心，使工程技术研究中心真正成为技术创新体系的重要支撑平台，发挥其在山西省企业技术创新体系中的龙头和骨干作用，是山西省当前及未来增强自主创新能力、建设转型跨越发展的重点工作之一。

（3）科技创新团队建设存在的问题

山西省从 2012 年开始建设科技创新团队，主要存在的问题：一是团队缺乏有效的管理。相当一部分团队带头人虽然是学术领域的专家，但是却缺乏相应的组织协调能力和管理能力，在团队成员的选拔、培训、任务分配、激励等方面缺乏经验，使团队人员配置不合理，合作精神差，缺乏沟通交流、相互协作和相互支持，同时也存在部分团队带头人因退休、工作调动等原因，导致团队内部涣散、绩效不高。二是团队运行机制不健全。主要表现在团队带头人重外轻内，往往将工作重心放在争取更多的外部资源和支持，而忽视团队内部的管理；同时也缺乏科学合理的激励和评价机制，很大程度上影响了团队成员的工作积极性和责任感。

8 有关建议

8.1 重点实验室

8.1.1 明确目标，加强实验室原始性创新能力建设

正确的目标定位与研究方向的确立是一个实验室能否持续稳定地建设和发展的关键。省级重点实验室的任务应确定为以开展应用基础研究工作为主，面向山西省经济、科技和社会发展的需要，成为能够持续增强本地区科技创新能力、获取关键技术和自主知识产权的重要科研基地。实验室的主要研究方向必须与地方的支柱产业和优先发展领域相结合，以解决地方重大科技、经济问题

为己任，注重基础研究、应用开发和产业化的有机结合，注重突出优势和特色。同时要通过优化科研群体，集中科研力量，把实验室近期目标和长远规划相结合，瞄准具有自主知识产权、有开发和产业化发展前景的创新性课题开展研究工作，提高创新能力和实验室研究的创新水平。

8.1.2 树立以人为本的价值观，加强实验室人才队伍建设

高水平的实验室离不开具有创新能力的一流水平科研人才和实验技术人才，人才队伍建设是省级重点实验室建设存在的根本任务。要进一步确立以人才为本的价值观，大胆探索吸引人才的各种有效政策，结合实际逐步建立与能力、水平和贡献相适应的人才激励机制，建立有利于创造性人才脱颖而出和能吸引国内外优秀人才到实验室工作的运行机制，稳定一支能在学科前沿勇于拼搏和富有探索与合作精神的结构合理的高水平学术队伍，促进实验室工作的健康发展。积极创造条件，调动实验技术人员的工作积极性，提高他们的待遇和地位，鼓励他们继续学习和深造，不断更新知识，创造性地开展工作，进行高水平的学术研究和承担科研项目，成为实验室科学研究和科技产业化的专门技术人才。

8.1.3 利用多种渠道筹集资金，加快实验室条件建设

实验仪器设备与设施先进性的程度和档次高低，代表着实验室开展科研工作的领域及前沿的层次，是衡量实验室创新能力和学术水平的重要标志。省级重点实验室要开拓新思路，探讨新模式，建立新机制，走产学研一体化的道路，建设适应社会主义市场经济发展要求的新型科研实体。一方面通过学科方向调整，充实研究队伍，提高实验室的创新能力和水平，通过科技创新争取到更多的科研项目和课题经费，再将研究成果转化为现实生产力，在获得广泛社会效益的同时获得显著的经济效益，为实验室发展筹集更多的建设资金。另一方面要积极争取多方面的资金支持，通过产学研协作或共建等方式吸引社会资金和企业资金的介入，形成地方财政、企业、社会的多元化投入格局。

8.1.4 加强实验室运行机制与管理体制

管理水平是重点实验室在建设和发展过程中越来越重要的问题。实验室优劣的比较，很大程度上是实验室管理水平的比较。实验室的管理水平，体现在建立健全实验室管理机构，完善内部运行机制和重大科技事项的决策机制，完善实验室管理各项制度，保障其高效运行。

8.1.5 积极对外开放和交流

重点实验室贯彻"开放、交流、合作、竞争"的运行机制，应把对外开放放在头等重要的位置。重点实验室应该充分发挥和利用科研平台的优势条件，努力吸引优秀的国内外科学家到重点实验室进行科研工作和开展科研合作。这样做不仅提高重点实验室科研水平，同时也有助于扩大影响，使重点实验室真正成为学术交流的重要基地。首先，要加强开放课题的设立力度，吸引优秀人才来实验室进行合作研究，特别是有目的性、有针对性地邀请优秀同行，通过承担实验室开放基金项目的形式进行合作，从而提高实验室队伍研究水平。其次，利用实验室平台，邀请国内外知名教授到实验室进行学术交流，既可以提高实验室研究团队的学术水平和影响力，又开拓了研究队伍的学术视野。

8.1.6 依托单位及主管部门的大力支持

建议各实验室依托单位和主管部门在项目经费、政策、条件平台等方面均给予实验室建设大力支持；并能严格遵守《山西省重点实验室建设与运行管理办法》中的各项规定，充分赋予实验室各种必要的权利，仪器设备专管专用，科研用房相对集中，保证重点实验室形成一支结构合理的高水平研究队伍。在实验室建设期间，在"人、财、物、组织管理"等各个方面对实验室给予了全方位的支持。并积极鼓励高校同企业和科研单位建立跨部门的联合实验室，以推动科研成果向现实生产力的转化。

8.2 工程技术研究中心

山西省工程技术研究中心应当在严格绩效考核的基础上，分类指导，区别支持，使其尽快发展成为山西省技术创新的骨干平台，同时减少与省级重点实验室的交叉重复，避免同一帮人、两块牌子的问题。并应积极鼓励转制科研机构与具有实力的大企业集团联合共建工程技术研究中心。

8.3 科技创新团队

8.3.1 加强人才队伍的引进和培养

建议各创新团队重视人才的引进与团队年轻成员的培养，使团队队伍不断壮大，团队能力不断提升，团队成员研究方向日益明确、全面，团队整体在年龄、学历、专业技术职称、知识结构等方面取长补短、不断完善。

8.3.2 需具备良好的科技创新平台

建议在科技创新团队建设中，应当要求以省级以上重点实验室、工程技术研究中心、科技基础条件平台和业绩优秀的重点学科为依托。把实验能力作为考察科技团队创新能力的重要标准有以下考虑：首先，在科技活动中，大多数的创造性成果都是在实验室或试验基地里完成的，因此拥有良好的实验能力是团队进行科技创新活动的重要保障。其次，实验平台容易集中优秀的人才资源，通常拥有一批优秀的中青年专家，易于产生活跃的学术研究思想，加强国内外交流合作，形成尊重自由探索，倡导创新行为的浓厚氛围。因此，科技创新团队需具备良好的科技创新平台，拥有必备的支撑条件，适宜的工作条件和环境，健全的机制，以及与外界良好的合作与交流关系。

（1）确立企业创新主体地位，提高企业创新能力

企业是新技术的主要投资者、技术成果产业化的孕育者和推动者，在创新关键问题上，企业拥有较多的推动创新的资本，拥有较强的将"新获得的对事物本质和规律的认识和把握"有效转化为现实生产力的能力和条件，有通过创新活动获得财富的内生性要求，因此理应成为创新驱动的主体。山西要加快创新型企业培育步伐，建立企业主导产业技术研发创新的体制机制，使企业成为技术创新决策、科研组织和成果转化的主要力量。积极引导大中型企业建立研发机构，设立创新计划，建立创新平台，组建攻关团队，加大研发投入。重视对中小微科技企业的支持，加快建立一批开放性公共科技服务平台，为中小微企业的研发、设计和试验等提供服务，营造出良好的创新环境。

（2）以科技创新城为抓手，强化科技创新基地和平台

建议要大力加强研发平台载体建设，围绕山西优势特色学科建设一批省级重点实验室，新建一批省级工程技术研究中心和企业研发中心，推动现有的省级重点实验室、工程技术研究中心、企业研发中心提升创新能力。创新"多校一园、一园多区"发展模式，提升大学科技园承载力。要加快推进山西科技创新城建设，整合山西省内科技资源，搭建集科技文献、科学数据、研发设计、检验检测、知识产权、标准信息、技术交易、专业咨询等于一体的科技资源服务平台。吸引国内外高端研发机构，布局一流科技项目，培育一流科技企业，建立健全科技资源共享机制，使科技创新城尽快成为山西科技创新高地和引领发展高地。

（3）完善科技投融资体系，加大科技创新投入力度

高水平的创新投入强度是提高地区创新能力的重要保障。山西省要不断完

善科技投融资体系，建立以财政投入为引导，以企业投入为主体，金融机构积极参与，全社会投入为支撑的多元化创新投入体系。一是要稳定增加财政科技投入，将科技投入作为各级财政预算保障的重点，确保财政科技投入增幅较大幅度高于财政经常性收入增长幅度。二是搭建科技金融合作平台，鼓励专业的科技金融机构，支持银行设立科技支行，创新金融产品，探索企业动产、股权、知识产权、订单等抵、质押贷款方式。三是加快发展科技风险投资和创投引导资金，发挥山西省创业风险投资引导基金的政府公信力和吸引力，逐步在全省合作建立区域子基金和专业子基金，为从初创期到成熟期的中小微科技企业提供差异化的资金服务。四是引导支持科技型企业优先进入证券市场融资，设立省级科技型企业上市培育专项基金，通过专业化辅导和资金支持，加快科技型企业在创业板上市。

（4）完善人才发展机制，壮大科技创新人才队伍

从本质上来看，人力资本对经济发展的贡献率差异正是资源驱动与创新驱动之间的根本区别。要实现创新驱动经济发展，山西必须加快集贤聚智步伐，为全省创新型人才队伍提供中坚力量。根据现实需求，应以项目为载体，实施高端创新型人才培养、引进和使用工程，聚集起一批覆盖全省重点产业、优势产业和战略性新兴产业领域的高层次科技创新人才队伍。在科技创新城建设人才管理改革试验区，对高端人才实行"一事一议"制度。围绕重大科学前沿热点问题和全省经济社会发展关键、重点、难点问题，在山西重点学科、优先发展的领域、优势产业和战略性新兴产业领域，遴选科技创新团队予以重点培育和扶持。

（5）完善成果转化运行机制，加速科技成果转化

建立完善科技成果转化对接、联动、示范、激励和评价机制，加快推进科技成果向现实生产力转化。加强产学研的联合协作，通过成果转让、技术扶持、联合开发等形式，发挥好企业的经营优势，提高成果转化的效率。积极组织实施重大科技成果转化示范行动，重点抓好国内外领先的高端科技成果转化，实施科技成果转化行动计划。完善科技成果转化制度，在产权确定、价值评估、作价入股以及人员激励等方面，形成明确、可操作的实施细则，推动科研人员全程深度参与科技成果转化。强化科技成果转化服务体系建设，以政府购买服务的形式支持中介服务机构（个人）的科技成果转化和技术转移活动等。完善基础数据库建设，实现对科技成果转化情况进行全面准确的考核评价。

参考文献

［1］ 中华人民共和国科学技术部.中国科学技术发展报告（2014）[M].
北京：科学技术文献出版社，2016

［2］ 国家科技基础条件平台中心.国家科技基础条件平台发展报告 [M]. 北
京：科学技术文献出版社，2013

［3］ 中国科学技术发展战略研究院.中国区域科技进步评价报告（2015）
[M].北京：科学技术文献出版社，2016

［4］ 科学技术部创新发展司.科技条件资源汇报 2015[R]. 2015

［5］ 李建平，李闽榕，高燕京.中国省域竞争力蓝皮书 2014[M].北京：社
会科学文献出版社，2014

［6］ 刘冬梅，龙开元，李国平.区域特色产业和科技资源空间布局研究
[M].北京：科学技术文献出版社，2013

［7］ 赫运涛.范治成.切实加强"十三五"国家科技基础条件平台建设
[EB/OL]. [2016-8-9]. http://www.nstic.gov.cn/showContent.jsp?page=
1454035134279

［8］ 石蕾，夏雪.我国科学数据流出问题分析及对策建议 [EB/OL]. [2016-
6-30]. http://www.nstic.gov.cn/showContent.jsp?page=1454035134273

［9］ 叶玉江.加强科技平台工作推进科技资源管理 [J]. 中国科技资源导刊，
2015（2）：1-6

［10］ 杜妍洁，顾立平.国外开放政府数据政策以及图书馆作用的综述 [J].
图书情报工作，2015，59（17）：141-148

［11］ 张瑶，顾立平，杨云秀，等.国外科研资助机构数据政策的调研与分
析——以英美研究理事会为例 [J].图书情报工作，2015，59（6）：53-60

［12］ 杨云秀，顾立平，张瑶，等.国外科研教育机构数据政策的调研与分

析——以英国 10 所高校为例 [J]. 图书情报工作，2015，59（5）：53-59

[13] 张闪闪，顾立平，盖晓良. 国外信息服务机构的数据管理政策调研与分析 [J]. 图书情报知识，2015，167（5）：99-109

[14] Bernard Schutz, Leif Laaksonen, Raphael, et al. Research Data Alliance Europe[R]. 2014

[15] RDA Europe. The Data Harvest: How sharing research data can yield knowledge, jobs and growth[EB/OL]. [2016-7-8]. http://europe.rd-alliance. org/sites/default/files/report/TheDataHarvestReport_%20Final.pdf

[16] 王卷乐. 国外科技计划项目数据汇交政策及对我国的启示 [J]. 中国科技资源导刊，2013，45（2）：17-23

[17] 王剑，吴定峰，赵华，等. 基于全生命周期理论的农业科学数据资源利用效果评价探索 [J]. 中国科技资源导刊，2015，47（5）：50-55

[18] 储节旺. 国外研发平台建设经验及启示 [J]. 中国科技资源导刊，2012，44（6）：97-101

[19] 罗珊. 国外科技基础条件平台建设的经验启示与借鉴 [J]. 科技管理研究，2009，29（8）：75-78

[20] 袁伟，吕先志，黄珍东，等. 国家科技基础条件平台的内涵探讨 [J]. 中国科技资源导刊，2013，45（1）：8-11

[21] 李健. 浅析我国科技资源共享公共服务中 NPO 参与的现状与对策 [J]. 中国科技资源导刊，2015，47（4）：6-13

[22] 司莉，庄晓喆，王思敏，等. 2005 年以来国外科学数据管理与共享研究进展与启示 [J]. 国家图书馆学刊，2013，22（3）：40-49

[23] 尹海清，姜雪，张瑞杰，等. 材料科学数据共享网及其在材料行业创新发展中的应用 [J]. 中国科技资源导刊，2016，48（3）：58-65，71

[24] 叶玉江. 加强科技平台工作推进科技资源管理 [J]. 中国科技资源导刊，2015（2）：1-6

[25] 段小华，苏楠. 完善各类创新基地的结构、功能与管理 [N]. 科技日报，2014-11-24

[26] 李苑. 全球政府开放数据的四大特点 [EB/OL]. （2014-11-12）[2016-10-07]. http://www.e-gov.org.cn/xinxihua/news003/201403/148913.html.

［27］ 林垚.美英政府数据开放的经验及对我国的启示 [J].中国科技资源导
刊，2015，47（4）：45-51

［28］ 储节旺.国外研发平台建设经验及启示 [J].中国科技资源导刊，
2012，44（6）：97-101

［29］ 肖惠萍，邹磊，朱金鑫.长兴"科技券"与上海科技资源的跨区域
共享 [J].中国科技资源导刊，2014，46（1）：52-57

［30］ 李峰，张贵，李洪敏.京津冀科技资源共享的现状、问题及对策 [J].
科技进步与对策，2011，28（19）：48-51

［31］ 余永红，赵飞，张文莲.由"资源集聚"向"需求导向"转变 [J].中
国科技资源导刊，2016，48（1）：105-109

［32］ 杜戎平.山西省科学数据资源调查分析与对策思考 [J].中国科技资源
导刊，2012，44（1）：34-36

［33］ 邵舒扬，黄革新，王伟，等.山西省科技基础条件平台认定考核指
标体系研究 [J].山西科技，2015，30（6）：6-8